Compass Programming

JN069821

解きながら学ぶ

JavaScriptつみあげ
トレーニングブック

リブロワークス著　中川 幸哉監

マイナビ

はじめに

　プログラミング言語にもさまざまありますが、JavaScriptほど短期間で急激に変化したプログラミング言語は珍しいでしょう。最初は「Webページをちょっと動かす」ことしかできなかったものが、やがて「デスクトップアプリ並みのWebアプリ」を実現し、今ではデスクトップアプリやスマホアプリの一部がJavaScriptで作られています。

　しかし急激な変化の引き換えとして、JavaScriptには「落とし穴」が少なからず存在します。「変数宣言はvarからletとconstにすべて移行すべき」「関数・メソッド宣言は、新しいアロー関数式を使うべきときと、昔ながらのfunction式を使うべきときがある」「Webブラウザ上とNode.js上で使えるAPIが異なる」などの注意点が多数あるのです。このあたりの複雑な事情がJavaScript入門の難しいところで、本書は現在主流のES2015（ES6）以降の基本構文を中心としつつ、最近のJavaScriptフレームワークを使うときに知らない構文で戸惑わないよう注意して執筆しました。

　本書のもう1つの特徴が、構文を解説するセクションのあとに「ミッション」というページを設けている点です。「ミッション」は簡単にいえば問題集なのですが、その目的とするのは「プログラムをすばやく理解する反射神経」を身に着けることです。

　「プログラムはじっくり考えて作るもので、反射神経は関係ないんじゃないの？」と思われるかもしれません。確かに全体設計などじっくり考える部分もありますが、本書で説明するような基礎文法は、一瞬で把握できるのが理想です。

　そこで本書のミッションでは、「式を見て演算子の処理順を書き込め」といった、簡単に解ける問題をいくつも出題し、反復訓練によってより速く解答できることを目指しました。

　また、最後の10章は、入門書のその先を目指した内容となっています。入門書を卒業して、自分でプログラムを書くレベルに達するために必要なのは、次の2つのスキルです。

・公式ドキュメントの解説を読んで、自力で知識を増やせる
・エラーメッセージを読んで、解決方法を見つけられる

　そのスキルを身に付けるために、MDN Web Docsの読み方を解説し、主なエラーメッセージを紹介しています。どちらのスキルも自力でプログラムを開発するためには欠かせないものです。難しそうだからと敬遠せずに、ぜひ取り組んでください。

　本書が、脱「JavaScript入門」を目指す、皆さまの一助となれば幸いです。

　本書の執筆にあたっては、中川幸哉様に監修していただき、情報の正誤に留まらず、さまざまな幅広いご指摘をいただきました。

　この場を借りて、厚く御礼申し上げます。

2021年12月　リブロワークス

もくじ

1章 トレーニングを始める前に

2章 基本的なデータと計算

3章 命令と条件分岐

4章 少し高度なデータ

5章 処理を繰り返す

6章 関数を作る

7章 オブジェクトをさらに理解する

8章 HTMLを操作する

9章 JavaScriptの新しい構文

10章 ドキュメントとエラーを読む

ミッションページの使い方

　ミッションページは紙面に直接書き込む形を想定した問題集となっています。解答方法は、番号を書き込むもの、選択肢から選ぶものなどミッションごとに異なり、ミッション上部に解き方を示しています。

　ミッションの解答は巻末の P.223 に掲載しています。正しいかどうかを確認するだけでなく、間違えた場合はその理由も考えてください。

問題の解答方法を示しています。
赤字で示したように答えを書き込んでください。

「達成目標」は経験者であればこのぐらいの秒数で解けるはずという目安です。できれば何度か挑戦して、目標値を切ることを目指してください。

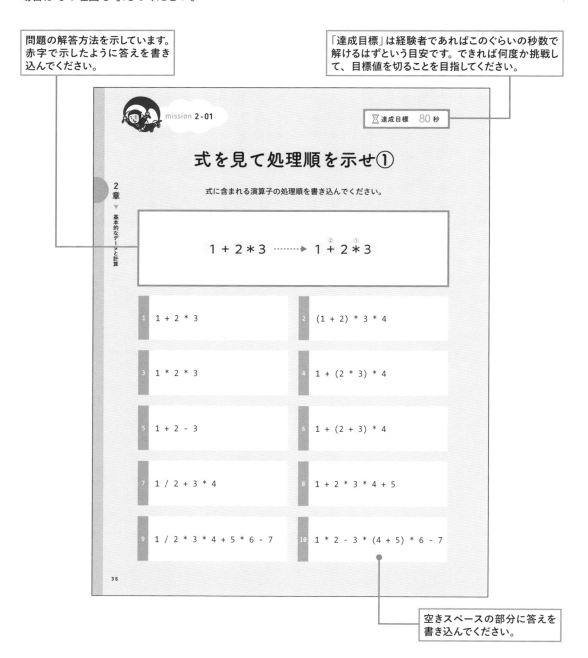

空きスペースの部分に答えを書き込んでください。

※サンプルファイル（P.2 参照）と一緒に、ミッション部分の PDF を配布しています。何度か解きたい場合はプリントアウトしてご利用ください。

1章

トレーニングを
始める前に

JavaScriptのトレーニングを始める前に、開発に必要な
環境を整えましょう。テキストエディタとWebブラウ
ザさえあれば、すぐに始められますが、HTMLの知識
もいくらか必要です。

SECTION 01 JavaScript学習のポイント

JavaScriptは、Webアプリ開発からマルチプラットフォーム対応デスクトップアプリ開発まで、幅広く活躍するプログラミング言語です。

Webを中心に広範囲に使われるJavaScript

JavaScript（ジャバスクリプト）の、他のプログラミング言語にない特徴を1つ挙げるなら、**Webブラウザ内で実行可能な言語**という点でしょう。Webブラウザは Web（World Wide Web）の一端を担うソフトウェアで、Webサーバーから送られる HTML や CSS などのデータを受け取って、Webページとして表示します。JavaScript も HTML と一緒に送られ、Webブラウザの中で実行されます。最近では、Web の仕組みを利用したアプリケーションプログラム——**Webアプリ**が一般化していますが、JavaScript は Web アプリがユーザーの操作に対してどう反応するかを考える部分を担当します。Web アプリの使い勝手を左右する重要な役割です。

「JavaScript と い え ば Webアプリ」というのは間違いではないが、それだけじゃないのだ

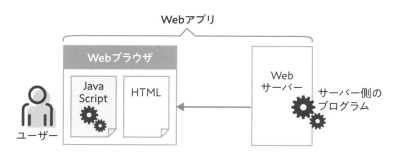

JavaScript は Web で利用する目的で作られたため、**実行環境の OS を選ばない（マルチプラットフォーム）**という性質があります。例えばWindows用アプリは通常なら macOS や Linux 上では動きませんが、JavaScript のプログラムは Web ブラウザさえあればどの OS 上でも動くのが普通です。

元々 JavaScript は Web ブラウザでしか動かせない言語でしたが、ブラウザを通さずに JavaScript を実行できる **Node.js（ノード・ジェイエス）**が登場したことで、その活躍の場は大きく広がりました。Node.js を利用したデスクトップアプリも現れ始めています。次のセクションで紹介するテキストエディタ「Visual Studio Code」も、その一例です。ほかにも

POINT

JavaScript のプログラムを解釈して実行するプログラムのことを、「JavaScriptエンジン」と呼びます。Web ブ ラ ウ ザ や Node.jsは、JavaScript エンジンを内蔵しています。

GitHub DesktopやChatWork、TorelloなどのJavaScript製デスクトップアプリが存在します。Webブラウザ上とNode.js上のJavaScriptは、次の図に示すような関係にあります。

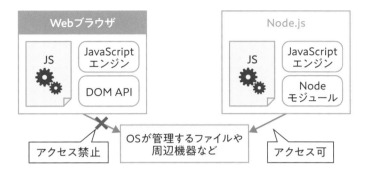

注意

Webブラウザ内で動くJava Scriptは、セキュリティのために、Webブラウザの外部にあるファイルや周辺機器などにアクセスすることができません。つまり、ファイルを読み書きするプログラムが作れないということです。

・ **HTMLとCSSの知識もあったほうがいい**

　JavaScriptを学ぶ際は、同時に**HTMLやCSSなどのWeb技術**についても学んでおくことをおすすめします。JavaScriptだけを先行して学ぶと、つい何でもJavaScriptで解決しようと考えがちになるからです。しかし、HTMLでできることはHTMLに、CSSでできることはCSSに任せたほうが、全体のパフォーマンスが上がります。例えば、Webページの色などを変更したい場合、あらかじめCSSのスタイルを用意しておいて、JavaScriptでは適用のオン／オフを切り替えるのみにしたほうが、プログラムがシンプルになり、性能も上がります。

JavaScriptのバージョンを意識しよう

　このように活躍の場を広げるJavaScriptですが、注意しなければならない問題もいくつかあります。それは、**実行環境やJavaScriptのバージョンによって、プログラムの書き方が変わる**という点です。

　JavaScriptはWebブラウザの独自機能として誕生し、その頃からWebブラウザごとの互換性問題が目立ったため、Ecma Internationalという団体によって標準化（仕様をすり合わせて標準規格とすること）が行われました。そのため現在のJavaScriptは、**ECMAScript（エクマスクリプト）**とも呼ばれます。ECMAScriptに準拠していない実行環境はないのですが、2015年以降は毎年バージョンアップされているため、仕事で利用可能なバージョンが制限されることがあります。

POINT

ES6以降は毎年バージョンアップしているため、西暦を組み合わせたES2015、ES2016といった呼び方が一般的です。Web上の情報を見るときは、バージョンに注意しましょう。

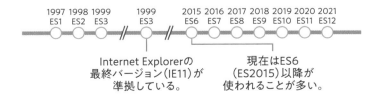

また、WebブラウザとNode.jsのJavaScriptエンジンは、どちらもECMAScriptに準拠していますが、それぞれ言語仕様外の機能（API）があり、使える命令（正確にはオブジェクト、メソッドなど）が異なります。

とはいえ、**基礎的な文法についてはES2015（ES6）で固まっており**、ES2016（ES7）以降の変更は比較的高度な機能中心なので、基礎に限っていえばそれほど心配することはないでしょう。本書は基本文法を中心に解説しますが、ES2021までの文法も一部解説しています。

POINT

使いたい機能が対象のWebブラウザで利用可能かは、caniuse (https://caniuse.com/) で調べられます。

本書の読み進め方

本書は「反復訓練」を重視した構成を取っています。プログラミングにおいて、論理的な思考力や設計力が大事なのは確かにそうなのですが、それ以前の基礎力として**プログラム（ソースコード）を正しく読み解く能力**が必要です。ソフトウェアエンジニアなどプログラムを書ける人たちは、言語の文法的な意味なら意識せずに瞬時に理解できます。その力を訓練するために設けたのが、各セクションのあとにある**ミッション**です。

例えば以下のページは、「演算子の優先順位」というものを解説したページです。計算に使う記号がその種類によって処理順が変わるというルールで、2章で登場します。こうしたルールは、プログラムに慣れてくれば一瞬で読み解けるものです。

POINT

プログラミング言語で書かれたテキストのことを「ソースコード (Source Code)」といいます。本書では「プログラム」で通しますが、ソースコードのことを指すと考えてください。

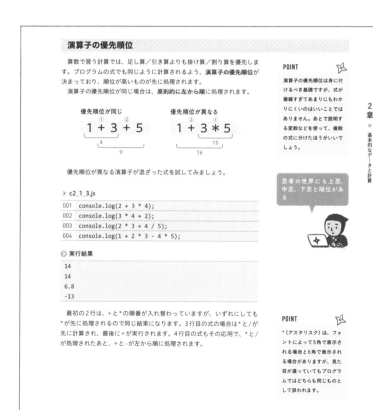

そこで優先順を一瞬で読み解く力を付けるために、セクションの最後に、「**式を見て演算子の処理順を示せ**」というミッションを設けています。セクション内で説明したルールが身に付いていれば、深く考える必要もなく解ける問題です。慣れた人なら数秒で全問回答できるでしょう。

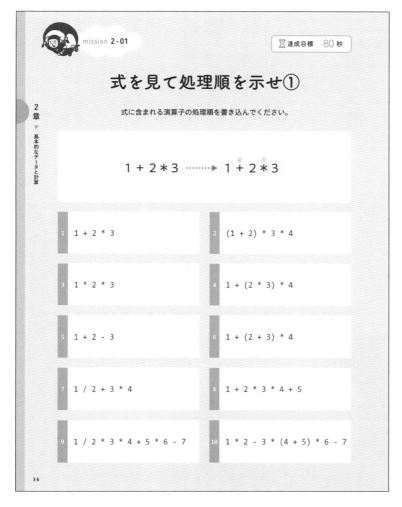

本書では、このような「わかっていればすぐに解ける問題」をたくさん出題します。実際に解いてみて、解答ページを読んで答え合わせをしてください。可能であれば、「達成目標」に近くなるまで何度か解いてみてください。ほとんど考えずに一瞬で解ける状態がベストです。

基礎の部分で迷うことが少なければ、より上級な論理的な思考力や、アルゴリズムの検討、さまざまなライブラリの使いこなしなどに集中できるようになります。そのためにも、本書で基礎力を磨いてください。

忍者も日々の特訓の結果、何も考えずに分身の術とか使えるぞ

SECTION 02 VSCodeを使ってみよう

JavaScriptのプログラムを編集するにはテキストエディタが必要です。ここでは無料テキストエディタのVSCodeの基本操作を解説します。

VSCodeをインストールしよう

VSCode（Visual Studio Code）は高い人気を誇るテキストエディタで、無料ながらJavaScriptをはじめとするさまざまなプログラミング言語に対応しています。先に軽く触れましたが、VSCode自体がJavaScriptで作られており、ソースコード共有サービスのGitHub（ギットハブ）上で開発が進められています。

まずは公式サイトからインストーラーをダウンロードして、インストールを行ってください。いくつか画面が表示されますが、初期状態のまま［次へ］をクリックしていけば大丈夫です。

POINT

VSCodeの開発にはElectron（エレクトロン）というフレームワークが使われています。これはNode.JSとChromium（Chromeブラウザの中核部分を抜き出したソフトウェア）を組み合わせたもので、興味のある方は調べてみてください。

 参考URL

VSCodeダウンロードページ
https://code.visualstudio.com/

1 ［Download for Windows］をクリックしてファイルをダウンロード

2 ダウンロードしたファイルをダブルクリックしてインストールを開始する

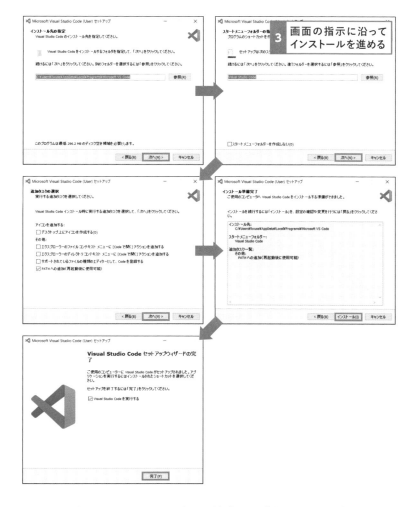

画面の指示に沿って
インストールを進める

　macOS版のインストールはさらに簡単で、ダウンロードしたZIPファイルを展開し、中の「Visual Studio Code」というファイルを［アプリケーション］フォルダにドラッグ＆ドロップするだけでインストールが完了します。

POINT

JavaScriptの開発にはWeb
ブラウザが欠かせません。
新しいWebブラウザなら
何でもかまわないのです
が、本書はユーザー数が多
いGoogle Chromeを前提
としています。

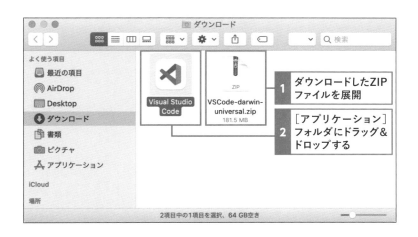

1　ダウンロードしたZIP
　ファイルを展開

2　［アプリケーション］
　フォルダにドラッグ＆
　ドロップする

VSCodeの日本語化

VSCodeはインストール時点で日本語化されていますが、たまに英語表示に切り替わってしまうことがあります。その場合はコマンドパレットを表示し、日本語表示に切り替えてください。

POINT

macOS版では command + shift + P キーを押してください。

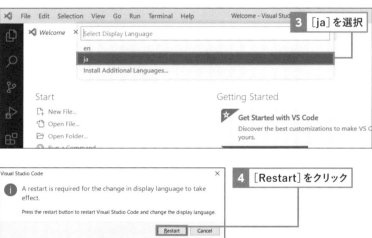

VSCodeの再起動後に日本語化された画面が表示されます。場合によっては、拡張機能をインストールするよう案内されることもあります。

VSCodeの日本語化は「Japanese Language Pack」という拡張機能で実現されています。自動的に日本語化されない場合は、拡張機能のインストール画面からインストールしてください。

1章 ▼ トレーニングを始める前に

さまざまな拡張機能

VSCodeは標準でWebやJavaScriptの編集を支援する機能を持っていますが、**拡張機能**の追加によってさらに強化することができます。例えば、**Prettier**（**プリティア**）はHTML、CSS、JavaScriptのソースコードを整形してくれるツールで、これをインストールしておくだけで、きれいなコードを書くことができます。

LiveServer（**ライブサーバー**）は、簡易的なWebサーバーを建てる拡張機能で、その起動中にファイルを編集すると、Webブラウザを自動リロードしてくれます。リアルタイムで結果を見ながら編集に専念できる、便利なツールです。9章で実際に使用します。

Prettierを使えば、複数人で作業していても、書式を統一できるのだ

その他に、PythonやPHPなどのサーバーサイド言語用拡張機能や、最近注目を集めているコンテナツールのDocker（ドッカー）用拡張機能、バージョン管理ツールのGit、GitHubのサポート機能なども備えています。

POINT

Git、GitHubのサポート機能は、拡張機能ではなく標準機能です。GitHubは現在Microsoftの傘下にあり、VSCodeとの連携もスムーズです。

作業用のフォルダを開く

Webページやアプリは、たいてい複数のファイルから構成されているため、複数のファイルを切り替えながら作業するのが一般的です。そのため、VSCodeの「**フォルダーを開く**」機能を利用することをおすすめします。「フォルダーを開く」機能を使うと、画面左のエクスプローラーにフォルダ内のファイルを表示し、クリックまたはダブルクリックするだけで開いて編集できます。

1章
▼
トレーニングを始める前に

注意

フォルダを初めて開く際に、許可を求めるメッセージが表示されます。一度許可すると次回からは確認なく開くことができます。

1 [ファイル]→[フォルダーを開く]を選択

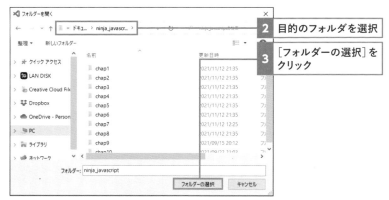

2 目的のフォルダを選択

3 [フォルダーの選択]をクリック

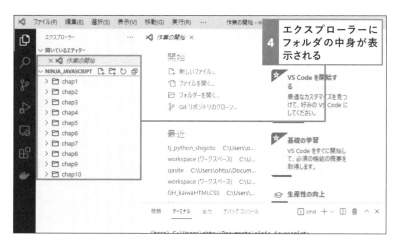

4 エクスプローラーにフォルダの中身が表示される

POINT

エクスプローラーからクリックしてファイルを開いた場合、タブは一時的なものになり、他のファイルを選ぶと閉じてしまいます。ダブルクリックして開いた場合は勝手に閉じることはありません。

HTMLファイルやJavaScriptファイルを作成する

VSCode には Emmet（エメット）や IntelliSense（インテリセンス）などのコード入力支援機能があり、途中まで入力するだけで候補が表示され、Tab キーを押すだけで残りを入力できます。

ファイルの拡張子に応じた支援機能が利用できます。

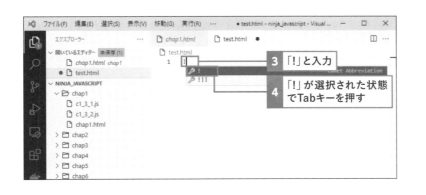

POINT

Emmet は VSCode 以前からある、HTML & CSS 用の入力支援機能です。IntelliSense は、Microsoft 製の統合開発環境 Visual Studio に由来するプログラミング支援機能です。

注意

HTML 用の支援機能は、拡張子がhtmlのファイルを開いている状態でなければ働きません。ファイルを作成するときに拡張子も指定しておきましょう。

続いて JavaScript ファイルを作成しましょう。

ここでは HTML や Java Script の内容は気にせず、操作方法を覚えよう

JavaScript の入力中も強力な支援機能が働きます。長いメソッド名の入力でも安心です。

test.htmlに切り替えて、JavaScriptファイルを参照させます（詳しいやり方はP.26参照）。ファイル名を入力する際も入力支援が働きます。

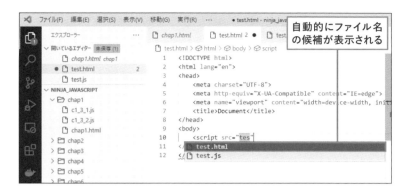

VSCodeのエクスプローラーから、WindowsのエクスプローラーやmacOSのFinderを開くこともできます。

HTMLファイルのアイコンをダブルクリックするか、Webブラウザのウィンドウにドラッグ＆ドロップすると、Webページが表示されるぞ

SECTION 03 JavaScriptの実行方法を知ろう

これから何度も繰り返すことになる、JavaScriptのコードを書いて実行するまでの流れを身に付けましょう。ここでは2通りの方法を紹介します。

HTMLのscript要素に直接記述する

Webブラウザ向けのJavaScriptプログラムは単体では実行できません。HTMLファイルの中に書くか、外部のJSファイルをHTMLファイルに読み込ませて実行します。

実際にJavaScriptのコードを実行してみましょう。1つ目に紹介するのは、**HTMLファイルのscript要素と呼ばれる部分にJavaScriptのコードを記述する方法**です。

先ほどインストールしたVSCodeなどのテキストエディタで、本書のサンプルファイル（P.2参照）をダウンロードして、chap1フォルダにあるchap1.htmlというファイルを開いてください。

POINT

HTMLは「Hyper Text Markup Language」の略で、タグによってテキストの内容を意味付けする、マークアップ言語の1つです。

> chap1.html

```
001  <!DOCTYPE html>
002  <html lang="ja">
003  <head>
004    <meta charset="UTF-8">
005    <title>chap1</title>
006  </head>
007  <body>
008    <p class="chapter_name">トレーニングを始める前に</p>
009    <script>
010      alert("にんにん")
011    </script>
012  </body>
013  </html>
```

HTMLファイルは、内容をタグで意味付けすることによって、Webページのような構造を持った文書を表現します。「<」と「>」で囲まれている部分が**タグ**で、開始タグと終了タグの2種類に分かれます。次の図のように、開始タグと終了タグで囲まれている範囲が**要素**です。

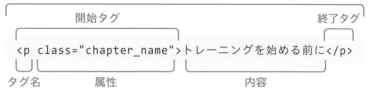

要素

開始タグ　　　　　　　　　　　　　　　　　　終了タグ

`<p class="chapter_name">トレーニングを始める前に</p>`

タグ名　　　属性　　　　　　　　内容

　開始タグの中で最初に書いているのが、そのタグの名前を表す**タグ名**です。上の図ではpがタグ名です。タグ名のあとに、必要に応じてその要素の補足情報を表す**属性**を記述します。上の図ではclassという属性に「chapter_name」という値を指定しています。

　開始タグを「>」で閉じたあと、その要素の**内容**を記述し、最後に終了タグで要素の終了地点を示します。終了タグでは、タグ名の前に「/」を付けます。

今の時点ではhtmlファイルの内容をすべて理解しようとしなくてもよい。script要素とはどこを指すのかだけ知っておこう

> ### chap1.html

009	`<script>`
010	`    alert("にんにん");`
011	`</script>`

　chap1.htmlでは、9行目の開始タグ`<script>`と11行目の終了タグ`</script>`で囲まれた範囲が**script要素**で、「alert("にんにん");」というJavaScriptのコードを内容として記述しています。

　今度は、同じファイルをブラウザで開いてみましょう。

　ブラウザによって見た目は違いますが、「にんにん」というメッセージが表示されました。script要素に記述した「**alert**」は、指定した内容をブラウザのメッセージとして表示する命令なので、JavaScriptを正しく実行できたことがわかります。

HTMLファイルをブラウザで開くには、ファイルアイコンをブラウザのウィンドウにドラッグ＆ドロップしよう

POINT

JavaScriptのプログラムは、コンピュータに実行させる処理を記述した「文」で構成されます。行の最後に入力する「;」は、日本語の句点（。）のように1つの文の終わりを示しています。

script要素のsrc属性にJavaScriptファイルを指定する

2つ目に、拡張子を「.js」にして保存した**JavaScriptファイルにコードを記述して、HTMLファイル側ではJavaScriptファイルを読み込む方法**を紹介します。

chap1.htmlのscript要素を書き換えて、同じフォルダにあるc1_3_1.jsというJavaScriptファイルを読み込むよう修正しましょう。

> **chap1.html**

```
007  <body>
008    <p class="chapter_name">トレーニングを始める前に</p>
009    <script src="c1_3_1.js"></script>…script要素を書き換え
010  </body>
```

> **c1_3_1.js**

```
001  alert("にんにん");
```

修正したHTMLファイルをブラウザで開くと、先ほどと同じようにメッセージが表示されます。

HTMLファイルのscript要素に直接JavaScriptのコードを記述した場合、そのファイルの中でしかコードを利用できませんが、JavaScriptファイルにコードを記述しておくと、複数のHTMLファイルからそのコードを読み込むことができます。一度書いたJavaScriptのコードを別のHTMLファイルでも再利用できるのは大きな利点なので、特別な理由がない場合は**JavaScriptファイルにコードを記述して、HTMLファイル側ではJavaScriptファイルを読み込む方法**を推奨します。

本書でも、基本的にJavaScriptファイルをHTMLファイルで読み込む方法で実行します。サンプルのJavaScriptファイルを実行する際は、**章ごとのフォルダにあるHTMLファイルのscript要素のsrc属性を書き換えてから、HTMLファイルをブラウザで開いて実行してください。**

POINT

どちらの方法でも、script要素はbodyタグの末尾に記述するのが一般的です。そうすることで、ブラウザがbodyタグの要素をすべて読み込んでからscript要素の内容を実行できます。

6章で学ぶ「関数」や7章で学ぶ「オブジェクト」とも関係してくるが、「一度書いたコードを再利用する」というのは大切な考え方だ

HTMLファイル

```
<!DOCTYPE html>
<html lang="ja">
<head>
  <meta charset="UTF-8">
  <title> ………… </title>
  …………
</head>
<body>
  …………
  <script src="c1_3_1.js"></script>
</body>
</html>
```

◀ ‥‥‥ src属性に指定する
ファイル名を書き換える

コンソールにコードの実行結果を表示する

　WebブラウザのGoogle Chromeには、**コンソール**という開発者用の
ツールが用意されています。コンソールでは、現在開いているWebペー
ジの情報を確認できるほか、**実行しているJavaScriptの結果を表示させ
ることもできます**。

　どんなWebサイトでもかまわないのでGoogle ChromeでWebサイト
を開き、画面右上の設定ボタンをクリックして、［その他のツール］→［デ
ベロッパー ツール］から開発者ツールを起動しましょう。

POINT

開発者ツールはWebペー
ジやWebアプリの開発を
支援するもので、パソコン
用のWebブラウザであれ
ばたいてい付いています。
本書ではGoogle Chrome
のデベロッパーツールを使
用します。

開発者ツールが起動したら、[Console] タブをクリックします。開いているWebページの情報が表示される場合もありますが、最終行に「>」が表示されているはずです。

注意

コンソール はChromeのバージョンの違いによって見た目が少しずつ違う場合がありますが、基本的な構成や機能は大きく変わりません。

今回は以下のJavaScriptファイルの実行結果をコンソールに表示してみましょう。

▶ c1_3_2.js

```
001  console.log(2 + 2);
```

「console.log」は指定した内容をコンソールに表示する命令です。ここでは「2 + 2」という数値計算を行うよう指定しています。**chap1.htmlのscript要素のsrc属性を「c1_3_2.js」に書き換えてからブラウザで開き、**コンソールを開いて実行結果を確認してみましょう。

注意

プログラム内ではアルファベットや数字の全角／半角が区別されます。原則的に半角英数字を使って入力してください。

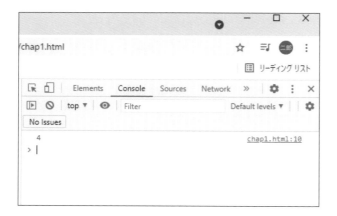

console.logに指定した「2 + 2」の結果が、コンソールに表示されています。数値計算の方法については2章で詳しく説明しますが、alertやconsole.logを使って文字だけでなく数値計算の結果を表示することもできます。

コードの実行結果をコンソールで確認する手順は、これからトレーニングをする中で何度も行うことになるよ。さぁ、いよいよトレーニング開始だ

2章

2章

基本的な
データと計算

ここまででJavaScriptを学ぶ準備ができました。この章
では数値の計算をしたり文字を表示することで、プログ
ラミングを基礎から身につけます。

数値と演算子で計算する

プログラムは命令とデータでできています。ここでは基礎中の基礎として、数値というデータと、それを使った計算のやり方を説明します。

データと命令

プログラムはコンピュータに対する命令の集まりですが、データがなければ何もできません。数値がなければ計算はできませんし、画面に何かを表示するにしても、文字や画像が必要です。

忍者も命令だけだとツライ。優しさがほしい

データ　命令　→　何かの結果

プログラムで扱うデータのことを**値（あたい）**といいます。値にはいろいろな種類があるのですが、ここでは最も基本的な**数値**と**文字列**について説明しましょう。

数値と文字列

JavaScriptは、数値を**数値型（Number）**のデータとして、文字の並びを**文字列型（String）**のデータとして扱います。文字列を表現する場合は、値の前後に**シングルクォート（'）**か**ダブルクォート（"）**を付けます。

数値と文字列だけのプログラムを書いて、P.27の方法で実行してみましょう。

このプログラムは「;」で終わる2つの文で構成されているね

> **c2_1_1.js**

```
001  3.25;      ……………………数値
002  'Hello';   ……………………文字列
```

コンソールにエラーメッセージが表示されないことから、コードに問題がないことはわかりますが、何の結果も表示されません。コンソールに何かを表示するには、先ほども使った**console.logメソッド**を使います。数値、文字列の前に「console.log(」を、あとに「)」を入力して、もう一度実行してください。

> c2_1_1.js

```
001   console.log(3.25);
002   console.log('Hello');
```

実行すると、console.logメソッドのカッコ内に書いた値がコンソールに表示されます。

▶ 実行結果

```
3.25
Hello
```

数値の指数表記

科学計算などで桁が非常に多い数値が必要な場合、指数表記を使うこともできます。「仮数e指数」の形で書き、「3e-3」であれば3×10のマイナス3乗なので「0.003」を表します。

数値を演算する

計算をしたい場合は、「+（プラス）」や「-（マイナス）」などの記号を使います。計算に使う記号のことを**演算子（えんざんし）**といい、値や演算子などを組み合わせたもののことを**式（しき）**といいます。

演算子は「計算しろ」という命令だ

・**計算に使用する演算子**

演算子	働き	例
+	足し算	5 + 2
-	引き算	5 - 2
*	掛け算	5 * 2
/	割り算	5 / 2
%	割り算の余り（剰余）	5 % 2
**	べき乗	5 ** 2

×（掛ける）の代わりに「*（アスタリスク）」、÷（割る）の代わりに「/（スラッシュ）」が使われます。

実際にプログラムで計算してみましょう。console.logメソッドのカッコ内に演算子を使った式を書きます。実行すると、式を計算した結果が表示されます。

2
章
▼
基本的なデータと計算

POINT

POINT

ここでは演算子の左右に半角スペースを空けています。スペースがなくても動作に影響はありませんが、コードの視認性がよくなります。

> **c2_1_2.js**

```
001  console.log(5 + 2);          足し算
002  console.log(5 - 2);          引き算
003  console.log(5 * 2);          掛け算
004  console.log(5 / 2);          割り算
005  console.log(5 % 2);          割り算の余り
006  console.log(5 ** 2);         べき乗
```

実行結果

```
7
3
10
2.5
1
25
```

コンソールで計算を試す

ちょっとした計算をしたい場合は、コンソールの最終行に表示されている「>」の後ろに半角英数で直接JavaScriptのコードを書く方法が便利です。console.logメソッドを使わなくても式の結果が確認できます。

このマークの後ろにJavaScriptのコードを書く

演算子の優先順位

算数で習う計算では、足し算／引き算よりも掛け算／割り算を優先します。プログラムの式でも同じように計算されるよう、**演算子の優先順位**が決まっており、順位が高いものが先に処理されます。

演算子の優先順位が同じ場合は、**原則的に左から順**に処理されます。

優先順位が異なる演算子が混ざった式を試してみましょう。

> **c2_1_3.js**

```
001  console.log(2 + 3 * 4);
002  console.log(3 * 4 + 2);
003  console.log(2 * 3 + 4 / 5);
004  console.log(1 + 2 * 3 - 4 * 5);
```

実行結果

```
14
14
6.8
-13
```

最初の2行は、+と*の順番が入れ替わっていますが、いずれにしても*が先に処理されるので同じ結果になります。3行目の式の場合は*と/が先に計算され、最後に+が実行されます。4行目の式もその応用で、*と/が処理されたあと、+と-が左から順に処理されます。

POINT

演算子の優先順位は身に付けるべき基礎ですが、式が複雑すぎてあまりにもわかりにくいのはいいことではありません。あとで説明する変数などを使って、複数の式に分けたほうがいいでしょう。

忍者の世界にも上忍、中忍、下忍と順位がある

POINT

* （アスタリスク）は、フォントによって5角で表示される場合と6角で表示される場合がありますが、見た目が違っていてもプログラムではどちらも同じものとして扱われます。

次の図は、演算子などの記号の優先順位を表したものです。演算子などの記号は計算用以外にもたくさんの種類があります。今回の計算式に使用したものだと、*と/は、＋と-より順位が高いため、＋と-より先に処理されます。

参考URL

演算子の優先順位
https://developer.mozilla.
org / ja / docs / Web /
JavaScript/Reference/
Operators/Operator_
Precedence

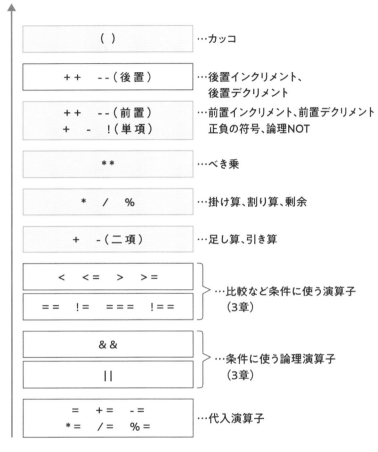

優先順位高

( )	…カッコ
＋＋　－－（後置）	…後置インクリメント、後置デクリメント
＋＋　－－（前置） ＋　－　！（単項）	…前置インクリメント、前置デクリメント 正負の符号、論理NOT
＊＊	…べき乗
＊　／　％	…掛け算、割り算、剰余
＋　－（二項）	…足し算、引き算
＜　＜＝　＞　＞＝ ＝＝　！＝　＝＝＝　！＝＝	…比較など条件に使う演算子 （3章）
＆＆ ｜｜	…条件に使う論理演算子 （3章）
＝　＋＝　－＝ ＊＝　／＝　％＝	…代入演算子

　背景色を付けたものが、数値の計算に関係する演算子です。
　＋と-は正負の符号としても使われます。＊と/よりも順位が高いため、先に処理されます。ややこしそうですが、数学の式と同じと思えば戸惑うことはないはずです。

▶ 負の数を含む式

```
32 * -5
```

聞き慣れない言葉がたくさんあるけど、あとで説明するから安心してね

注意

優先順位が同じ演算子は原則的に左から順に処理されますが、べき乗演算子（**）は右から処理されます。

カッコを使って優先順位を変える

どうしても掛け算／割り算より足し算／引き算を先に処理する必要があるときは、カッコを使って優先順位を変えます。先ほどの優先順位の図を見ると、カッコの優先順位が一番高くなっています。そのため、カッコ内の処理は他より先になります。

$$(\overset{①}{1 + 3}) * \overset{②}{5}$$

カッコを使って、優先順位を変えてみましょう。

POINT

カッコ内にカッコを入れた場合は、内側のものほど優先されます。

2章

▼

基本的なデータと計算

> **c2_1_4.js**

```
001  console.log((2 + 3) * 4);
002  console.log(3 * (4 + 2));
003  console.log(2 * (3 + 4) / 5);
004  console.log(1 + (2 - 3 * 4) * 5);
```

▶ 実行結果

```
20
18
2.8
-49
```

4行目の式はカッコ内に複数の演算子を含む式があるので、少し複雑に感じます。この場合はまずカッコ内の「2 - 3 * 4」を優先順位に沿って計算し、-10という答えを出します。次に「1 + -10 * 5」を計算して答えは-49となります。

$$1 + (2 - 3 * 4) * 5$$

とにかくカッコ内が優先と覚えておこう

式を見て処理順を示せ①

式に含まれる演算子の処理順を書き込んでください。

$$1 + 2 * 3 \quad \cdots\!\!\rightarrow \quad 1 \overset{②}{+} 2 \overset{①}{*} 3$$

1   1 + 2 * 3

2   (1 + 2) * 3 * 4

3   1 * 2 * 3

4   1 + (2 * 3) * 4

5   1 + 2 - 3

6   1 + (2 + 3) * 4

7   1 / 2 + 3 * 4

8   1 + 2 * 3 * 4 + 5

9   1 / 2 * 3 * 4 + 5 * 6 - 7

10   1 * 2 - 3 * (4 + 5) * 6 - 7

式を見て計算結果を示せ

式を見て処理順に計算し、結果を書き込んでください。

2 章 ▼ 基本的なデータと計算

$$1 + (2 - 3 * 4) * 5$$

12
-10
-50
-49

1	1 + (2 * 3) * 4	2	1 / 2 + 3 * 4
3	1 / 2 * 3 + 4 + 5 * 6 - 7	4	1 * 2 - 3 * (4 + 5) * 2 - 7
5	1 + (2 * 3) * (4 + 5) * 2	6	(1 + 2) - 3 * (4 - 5) * 6

37

変数に値を記憶させる

値に名前を付けて記憶する「変数」という仕組みを説明します。「変数」を使うことで、効率的にプログラムを書くことができます。

変数とは

プログラムの中で繰り返し登場する値は、**変数（へんすう）**という入れ物に入れておくと、他の行で同じ値を簡単に再利用できます。効率的にプログラムを書くために欠かせない仕組みです。

> 変数は、値を入れておいてあとで取り出せる入れ物だよ

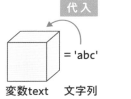

図の例では、変数textに'abc'という文字列を、変数numに100という数値を入れています。このように変数に値を入れることを**代入（だいにゅう）**といいます。

変数への値の代入は下のような**代入文（だいにゅうぶん）**で行います。はじめに**キーワードlet**を書いて、半角スペース1つ空けて変数の名前を書き、演算子=に続けて代入する値を書きます。

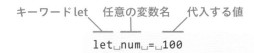

変数が代入された値を記憶していることを確認するため、変数に値を代入し、それを表示させるプログラムを書いて実行してみましょう。

POINT

letなどのキーワード（予約語）についてはP.41で改めて説明します。

c2_2_1.js

```
001   let text = 'abc';              ……… 変数textに文字列'abc'を代入
002   let num = 100;                 ……… 変数numに数値100を代入
003   console.log(text, num);        ……… 変数text、numの値を画面に表示
```

算数や数学では「=」は「左辺と右辺が等しい」ことを表しますが、JavaScriptなどのプログラミング言語では「**左側に書かれたものに右側に書かれたものを代入する**」という役割を果たします。

このプログラムを実行すると、変数text、変数numに代入された値が表示されます。

▶ 実行結果

```
abc 100
```

console.logメソッドのカッコ内に変数の名前を書いたことで、変数の名前（text、num）ではなく、変数に代入された値（abc、100）が表示されています。

このように、**値を代入した変数はそれ以降の行では値と同じように扱われます**。

変数に代入された値を利用することを、参照というよ

POINT

3行目にあるように、console.logメソッドのカッコの中にはカンマで区切って複数の値を書くこともできます。

変数を作成するメリット

先ほどのような単純なプログラムであれば、変数numに値100を代入してから表示するより、「console.log(100)」のように値を直接書くほうが簡潔でいいと思うかもしれません。

ここで、太陽系の惑星の数を何度も使用するような仮想のプログラムのことを考えてみましょう。2006年に冥王星が準惑星と定義され、太陽系の惑星の数は**9から8に変更されました**。このとき、仮想のプログラムの中で、惑星の数を使用するたびに**9という値を直接書いていた場合、そのすべてを8に修正する必要があります**。もしもプログラムの行数が膨大で、惑星の数が数十回も登場する場合、すべてを間違いなく書き換えるには手間がかかります。

しかし、最初に惑星の数を変数に代入して、それ以降は変数を参照するようにしておけば、**値を書き換えたい場合は最初に代入する値だけを書き換えればよいことになります**。

忍者は視力がよいので4等星まで肉眼で見える

修正が必要な箇所

変数を使用しない場合

```
.....⑨.
⑨....
.........⑨
```

変数を使用する場合

```
let wakusei = ⑨
..... wakusei
wakusei....
.......... wakusei
```

値を変数に入れておくと、その値の意味や役割がわかりやすくなるというメリットもある

このように、プログラムの中に同じ値が何度も登場する場合は、変数に代入しておくほうが修正の手間が少なくなります。

値を書き換えられない変数

キーワードletで宣言した変数は、一度値を代入したあとで別の値を再び代入して、中身を変更することができます。

▶ c2_2_2.js

```
001   let bird = 'ヒヨコ';
002   bird = 'ニワトリ';
003   console.log(bird);
```

● 実行結果

```
ニワトリ
```

しかし、1年に含まれる月の数、各種の税率など、プログラムの中で変更が想定されない値を変数に代入する場合もあります。そのような場合はキーワードletの代わりに**キーワードconst**を使って変数を宣言することで、**一度値を代入したあとに再代入ができない変数を宣言できます**。

▶ c2_2_3.js

```
001   const months = 12;
```

letで宣言する変数とconstで宣言する変数には、値を再代入できるか否かという違いしかありません。それなら、再代入できるletだけを使えばよく、より不便に思えるconstは不要なのではと思う方もいるかもしれませんが、**値を再代入できないという特徴にはむしろ利点があります**。

特に複数人で開発するプログラムにおいて、**再代入するべきではない値をconstで宣言しておくことで、不具合の発生を防ぐことができる**からです。そのため、初めから再代入が想定されない変数を宣言する際にはconstを使うとよいでしょう。

POINT

2行目で変数birdに文字列'ニワトリ'を代入するとき、変数はすでに存在しているため、birdは新しく作成されずに値を代入しなおします。

POINT

constで宣言した変数に値を再代入すると、エラーが発生して「Uncaught TypeError: Assignment to constant variable.」というメッセージが表示されます。

変数命名のルール

ここまで、textやnumという名前の変数を作成しましたが、変数の名付け（**命名**といいます）には守らないとエラーが発生する3つのルールがあります。

これらのルールは、あとで説明する**関数やオブジェクトなどの命名でも同じように守らなければなりません**。

忍者にとっても掟は大事

・**半角のアルファベット、アンダースコア、数字を組み合わせる**

命名は、**半角アルファベット、$、_（アンダースコア）、数字の0〜9**を組み合わせて行います。

実際には漢字などの全角文字も許可されていますが、プログラムの中で半角文字と全角文字が混在してしまうことになるのでおすすめしません。

・**先頭が数字の名前は禁止**

名前の先頭を数字にすることはできません。そのため、数字のみの名前も禁止されています。例えば以下のような名前は付けられません。

100　1number

・**予約語と同じ名前は禁止**

予約語（キーワード）とはJavaScriptの文法で特別な意味を持つ単語で、これと同じ名前は付けられません。

予約語には、**inやnewなど演算子として使用されるもの**、**ifやelseなど条件文の一部として使用されるもの**など複数の種類があります。ただし、「if」や「break」など単独の名前としては使えない予約語でも、「ifBreak」など他の文字と組み合わせれば使用することができます。

・**予約語一覧**

await	break	case	catch	class
const	continue	debugger	default	delete
do	else	export	extends	finally
for	function	if	import	in
instanceof	new	return	super	switch
this	throw	try	typeof	var
void	while	with	yield	let
static	enum	implements	package	protected
interface	private	public		

 参考URL

キーワード
https://developer.
mozilla.org/ja/docs/
Web/JavaScript/
Reference/Lexical_
grammar#keywords

わかりやすい名前にする

以上の3つは文法的なエラーを避けるために守らなければいけないルールですが、変数を命名するときは、慣習的に守られている以下のようなルールも意識してください。

- ・代入されている値が想像しやすい名前を付ける
- ・できるだけ英単語だけで構成し、2つ目以降の単語の先頭を大文字にする

これらの慣習的なルールを守ることで、可読性の高いプログラムを書くことができます。

例えば、定価1000円の商品について、割引額の100円を引いて売値を計算し、計算結果を表示するプログラムを書いて実行してみましょう。あえてアルファベット1文字の変数名を使っています。

「可読性」とは、プログラムのコードを読んだときの理解しやすさのことだよ

> **c2_2_4.js**

```
001   let a = 1000;
002   let b = 100;
003   let c = a - b;
004   console.log(c);
```

> **実行結果**

```
900
```

ここでは変数aに商品価格、変数bに割引額、変数cに売値を代入していますが、このプログラムを見ただけでは伝わりませんね。

このままでも文法的なエラーは発生しませんが、**変数名がa、b、cと簡潔すぎるため、どの変数にどんな値が代入されているか、一見しただけではわかりづらくなっています。**

プログラムを読みやすくするために、以下のように命名したほうがいいでしょう。

POINT

3行目では、変数が作成され、そこに計算結果が代入されています。このように変数に値を代入しておくと、何度も同じ計算をしなくても次回から計算結果を参照したいときは変数を使えばよいというメリットもあります。

> **c2_2_5.js**

```
001   let normalPrice = 1000;
002   let discount = 100;
003   let sellingPrice = normalPrice - discount;
004   console.log(sellingPrice);
```

本書でも、紹介した慣習的なルールに従って、アルファベットは基本的に小文字のみを使用し、2つ以上の単語を使う場合は2つ目以降の単語の先頭を大文字にしています。

このように、小文字のみを使用して、単語の先頭を大文字にして連結する命名規則を、変数名がラクダのコブのような見た目になることから**キャメルケース**、その中でも最初の単語を小文字ではじめるものを**ロウワーキャメルケース**と呼びます。

慣れるまでは変数名が長くなってもいい。わかりやすい命名を心がけよう

文と式

コンソールに直接JavaScriptのコードを書くと、変数を宣言したときと、同じ変数に値を代入しなおしたときで、次の行に表示される結果が異なります。

これは、「let bird = 'ヒヨコ'」の行は**宣言**、「bird = 'ニワトリ'」の行は**式**と呼ばれる文法要素であることが原因です。P.25でも触れたようにJavaScriptのプログラムは複数の「文」から構成されていますが、**「文」の中でも値を返すものを「式」**といいます。コンソールにJavaScriptのコードを書いた際、入力されたコードが値を返せばその値が表示され、値が返されなかった場合は値が定義されていないことを示すundefined（P.50参照）が表示されます。

文と式の違いを厳密に意識しなければならない機会はそれほど多くありませんが、迷ったときは**文は必ずしも値を返さないが、式は値を返す**ということを思い出してください。

プログラムを見て変数に印を付けろ

2章 ▼ 基本的なデータと計算

プログラムのコードを見て、変数の部分の下に印を付けてください。

```
normalPrice = 100
sellingPrice = normalPrice * 1.1
print(sellingPrice)
```

1
```
let text = 'Hello';
console.log(text);
```

2
```
let year = 2019;
let wareki = year - 2018;
console.log(year);
console.log(wareki);
```

3
```
let price = 1000;
let quantity = 10;
let sales = price * quantity;
console.log(sales);
```

4
```
let sales = 9980;
let payment = 10000;
let change = payment - sales;
console.log(payment);
console.log(change);
```

⏳ 達成目標　40 秒

適切な変数名を選択せよ

変数名として適切なものを選択してください。

①2021　②year　③2021year

1　① 文字列　② text　③ テキスト

2　① 1st_check　② 1check　③ check1

3　① fileName　② file/name　③ file_name　④ FileName

4　① defaultValue　② default　③ def@ult　④ DEFAULT

45

少し高度な代入

ここでは、計算と代入を同時に行うことで、より少ない記述で効率的なコードを
書くテクニックを紹介します。

演算子の合成記法

変数に代入した数値を計算に使い、計算結果として得られた新しい数値
を変数に代入しなおすという処理はプログラムの中で頻繁に見られます。
以下のコードは足し算の結果を変数sumに累積しています。

> **c2_3_1.js**

```
001  let sum = 5;
002  sum = sum + 7;
003  sum = sum + 5;
004  console.log(sum);
```

> **実行結果**

```
17
```

使用する演算子を変えることで、このコードをより簡潔に記述できま
す。実行結果は先ほどのコードと同じです。

> **c2_3_2.js**

```
001  let sum = 5;
002  sum += 7;
003  sum += 5;
004  console.log(sum);
```

「+=」は、**左側に書かれた変数の値と右側に書かれた値で足し算を行っ
て、その結果を左側に書かれた変数に代入する**演算子です。

+だけでなく、以下のように各演算子と代入演算子を合成した書き方が
用意されています。

同じ変数を2回も書く
のは面倒だ

プログラムを簡潔に書
くことは、わかりやす
さに繋がる

- 演算子の合成記法

演算子	例	働き
+=	a += b	aにa + bを代入
-=	a -= b	aにa - bを代入
*=	a *= b	aにa×bに代入
/=	a /= b	aにa÷bを代入
%=	a %= b	aにa÷bの余りを代入
**=	a **= b	aにaのb乗を代入

📥 参考URL

代入演算子
https://developer.
mozilla.org/ja/docs/
Web/JavaScript/Guide/
Expressions_and_
Operators#assignment_
operators

インクリメント・デクリメント演算子

変数の値を1だけ増やす（**インクリメント**）、逆に1だけ減らす（**デクリメント**）という処理は特によく使われるため、演算子の合成記法よりもさらに短縮した書き方があります。**インクリメント演算子は++、デクリメント演算子は--** と表記します。

これらの演算子は、計算する**変数のあと、もしくは前**に書きます。

📥 参考URL

インクリメント (++)
https://developer.mozilla.
org/ja/docs/Web/
JavaScript/Reference/
Operators/Increment

▶ **c2_3_3.js**

```
001  let count = 0;
002  count++;
003  console.log(count);
004  ++count;
005  console.log(count);
006  count--;
007  console.log(count);
```

◉ 実行結果

```
1
2
1
```

POINT

インクリメント演算子、デクリメント演算子は変数の後ろに書いた場合も、前に書いた場合も同じ処理を行いますが、厳密にはどの時点の値を返すかが異なります（参考URLを参照）。この違いによる混乱を防ぐため、インクリメント、デクリメントを行う際は左のコードのようにその処理だけで行を終えることが望ましいとされます。

SECTION 04 データの種類に気を配る

「文字列」や「数値」など、データの種類のことを「型」といいます。型を意識することで、プログラム内でさまざまな種類のデータを扱えるようになります。

データの「型」とは

プログラム内の値には、それぞれ**型（かた）**が決められています。例えば、これまで扱ってきた文字列は**文字列型（String）**、数値は**数値型（Number）**の値です。JavaScriptには他にもさまざまな型が存在します。

真偽値型（Boolean）は、3章で詳しく取り上げるよ

数値型（Number）
桁数が有限の数値 -1.5　0　42

文字列型（String）
「'」か「"」で囲んだ文字列 'Hello'　'忍者'　"テキスト"

真偽値型（Boolean）
正しいか誤りか True　False

Null型
存在しないことを表す null

Undefined型
未定義の値を表す undefined

値の型によって、同じ演算子でも処理の結果が異なる場合があります。例えば、演算子+で数値同士を繋ぐと右辺と左辺の値で足し算を行いますが、文字列同士を繋ぐと右辺と左辺の値を連結します。

POINT

値の中に1つのデータしか持てない型のことをプリミティブ（原始的）な型といいますが、ここで紹介している型はすべてプリミティブな型に属しています。

 c2_4_1.js

```
001  let num1 = 4;
002  let num2 = 2;
003  let txt1 = '阿';
004  let txt2 = '吽';
005  console.log(num1 + num2);
006  console.log(txt1 + txt2);
```

● 実行結果

```
6
阿吽
```

次に、数値型の値同士の足し算と、数値型の値と文字列型の値の足し算の結果を比べてみましょう。

> **c2_4_2.js**

```
001   let num1 = 4;
002   let num2 = 2;
003   let txt = '2';
004   console.log(num1 + num2);
005   console.log(num1 + txt);
```

● 実行結果

```
6
42
```

数値型の変数num1とnum2を足すと2つの数値を足した結果が得られましたが、数値型のnum1と文字列型のtxtを足すと、**2つの値を文字列として連結した結果**が得られました。これは、プログラムが数値型の変数num1を自動で文字列型に変換して、演算子＋で繋がれた2つの値を文字列として連結しているからです。

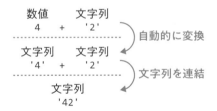

この結果は、数値と文字列を変数に格納せずに演算子＋で処理した場合にも変わりません。

> **c2_4_3.js**

```
console.log(4 + 2);
console.log(4 + '2');
```

● 実行結果

```
6
42
```

プログラミング言語によっては数値型と文字列型を演算子＋で繋ぐとエラーが発生するが、JavaScriptは自動で変換してくれる

POINT

このように型の変換が自動で行われることは便利な場合もありますが、間違った実装をしてしまった場合にもエラーが発生しないので間違いに気づきにくいという欠点にもなります。

文字列型の値を数値としての計算に使うには、数値型に変換する必要があります。数値型への変換には**parseInt関数**を使います。文字列型の変数txtを数値型に変換して計算するプログラムを実行してみましょう。

parseInt関数は、console.logメソッドと同じくJavaScriptに初めから用意されている処理だ。関数やメソッドについては3章で詳しく扱うよ

> **c2_4_4.js**

```
001   let num = 4;
002   let txt = '2';
003   console.log(num + parseInt(txt));
```

> 実行結果

```
6
```

Null型とUndefined型

JavaScriptには、データが存在しないことを示す**Null型**、値が定義されていないことを示す**Undefined型**という特殊なデータ型が存在します。

Null型に属するデータは「null」という値のみで、これは**データが「存在しない」ことを示すために使われます**。3章で説明する関数やメソッドの実行結果としてnullが登場することがある他、自分でコードを書いていて変数に入れる内容が存在しないことを明示するために変数にnullを代入することもあります。

Undefined型に属するデータは「undefined」という値だけです。**変数の宣言だけを行って値を代入していない場合、変数の値はundefinedになっています**。次のプログラムを実行してみましょう。

POINT

Null型、Undefined型 の2つは、エラーの原因に関係していることが多いため、エラーメッセージの中で頻繁に目にします。

> **c2_4_5.js**

```
001   let fuzzy;
002   console.log(fuzzy);
```

> 実行結果

```
undefined
```

プログラムの中で値を代入していない変数を使用することはほとんどないので、**エラーメッセージなどでundefinedが登場していれば、値を代入し忘れているなどの原因で不具合が発生している可能性を考えましょう**。

エラーメッセージにはエラーを解決するためのヒントが隠されている。慌てずによく確認しよう

mission **2-05**

⏳ 達成目標　40 秒

演算子の合成記法の結果を示せ

プログラムのコードを見て、最後に表示される計算結果を書き込んでください。

2 章 ▼ 基本的なデータと計算

```
let year = 2000;
year += 21;
console.log(year);  2021
```

1
```
let i = 0;
i += 1;
console.log(i);
```

2
```
let num = 10;
num -= 5;
console.log(num);
```

3
```
let num = 10;
num /= 5;
console.log(num);
```

4
```
let num = 10;
num++;
console.log(num);
```

5
```
let text = '山';
text += '川';
console.log(text);
```

6
```
let price = 1000;
let discount = 100;
price -= discount;
console.log(price);
```

エラーの原因を選べ

プログラムのコードを見て、エラーの原因として適切なものを
選択肢から選択してください。

```
let num1 = 4;
let num2 = 2;
let sum = num1 ++ num2;
console.log(sum);
```

エラーメッセージ
Uncaught SyntaxError: Unexpected identifier

① **1行目で作成している変数名が不正**
② **3行目で作成している変数名が不正**
③ **3行目で不正な位置に変数名を書いている**

```
const year = 2021;
year++;
console.log(year);
```

エラーメッセージ
Uncaught TypeError: Assignment to constant variable.

① **1行目で作成している変数名が不正**
② **2行目で不正な演算を行っている**
③ **2行目でconstで宣言した変数に値を再代入している**

```
let price = 1500;
let tax = 150;
pric += tax;
console.log(price + '円');
```

2

エラーメッセージ

Uncaught ReferenceError: pric is not defined

① **1行目で作成している変数名が不正**

② **3行目で定義していない変数を使用している**

③ **4行目で型の変換が必要**

```
let class = 4;
let studentName = '服部 太朗';
console.log(class + '組 ' + studentName);
```

3

エラーメッセージ

Uncaught SyntaxError: Unexpected token 'class'

① **1行目で作成している変数名が不正**

② **2行目で作成している変数名が不正**

③ **3行目で不正な演算を行っている**

```
let 1price = '100円';

let 2price = '200円';

let price_text = '商品1は' + 1price;

price_text += '商品2は' + 2price;

console.log(price_text);
```

4

エラーメッセージ

Uncaught SyntaxError: Invalid or unexpected token

① **1行目で作成している変数名が不正**

② **3行目で不正な演算を行っている**

③ **5行目で不正な演算を行っている**

```
const discount = 200;

let price = 1100;

price -= discount;

console.log('割引後価格', price, '円');

let price = 1000;

price -= discount;

console.log('割引後価格', price, '円');
```

5

エラーメッセージ

Uncaught SyntaxError: Identifier 'price' has already been declared

① **3行目でconstで宣言した変数に値を再代入している**

② **5行目で宣言済みの変数をもう一度宣言している**

③ **6行目で定義していない変数を使用している**

3章

3章

命令と条件分岐

JavaScriptにあらかじめ用意されている関数、メソッド を使ってコンピュータにさまざまな命令を出したり、条 件に応じて違う命令を実行させる方法を紹介します。

関数とメソッドを
呼び出す

一連の処理をひとまとめにした「関数」や「メソッド」を使いこなせば、コンピュータにさまざまな命令を出すことができます。

関数の呼び出し

　ここまでparseInt関数やconsole.logメソッドなどの用語が登場しましたが、これらは一連の処理をひとまとめにした**関数（かんすう）**と**メソッド**というものです。単純に「何かを処理するための命令」と考えてもOKです。

　parseInt関数は、カッコ内に文字列等を書くとNumber型の整数値に変換する関数ですが、このカッコ内に指定する値を関数の**引数（ひきすう）**、実行結果の値を**戻り値（または返値）**と呼びます。

POINT

プログラムの中で関数やメソッドを実行することを「呼び出す」とも表現します。

```
let num = parseInt('100')
```
変数に戻り値を代入　　関数　引数

　上のプログラムは、parseInt関数に引数（文字列の'100'）を渡して実行した戻り値（数値の100）を、変数numに代入しています。このように、値を返す関数はプログラムの中で値と同じように扱うことができます。

メソッドの呼び出し

　関数と同じように引数を受け取って一連の処理を行う仕組みに、**メソッド**があります。

　メソッドは、現時点では関数と同じものと考えて構いませんが、厳密には変数や関数などのデータを下部構造として持つ**オブジェクトというデータ型にまとめられた関数**です。

　例えば、これまで何度か使ってきたconsole.logメソッドは、Webブラウザのコンソールにアクセスする機能をまとめたConsoleオブジェクトに属するlogというメソッドです。

オブジェクトは7章で詳しく説明するが、JavaScriptにおいてすごく大切な考え方だ。名前だけでも覚えておこう

```
console.log('にんにん')
```
オブジェクト　メソッド　引数

関数やメソッドに複数の引数を渡す

　関数やメソッドによっては、引数は1つだけとは限らず、引数を複数指定するもの、引数が0個（引数なし）のものもあります。

　ほとんどの関数やメソッドでは引数を過不足なく指定する必要がありますが、これまで何度も使用してきた**console.log メソッドは、自由に引数の数を変えられる珍しいメソッド**です。console.log メソッドに2つの引数を指定するプログラムを書いて実行してみましょう。

　複数の引数を指定するときは、**カンマ**で区切って指定します。

POINT

カンマで区切って複数の引数を渡す場合、1つ目の引数を第1引数、2つ目の引数を第2引数……と呼んでそれぞれを区別します。ドキュメントなどでも使われる表現なので覚えておきましょう。

3章 ▼ 命令と条件分岐

▶ **c3_1_1.js**

```
001  let txt = '子';
002  console.log('2行目の時点では', txt);
003  txt = '丑';
004  console.log('4行目の時点では', txt);
```

▶ **実行結果**

```
2行目の時点では 子
4行目の時点では 丑
```

文字列の入力を受け取る

　これまで作成してきたのは、プログラムに直接値を書き込んで、実行すればその値に基づいて結果が表示されるのみのプログラムでした。

　しかし、現実世界のシステムでは、ユーザーの操作を受け付けてその内容によって実行結果が変わる、対話型のプログラムが使われていることがほとんどです。

　ユーザーからの操作を受け付ける関数の1つが、**prompt関数**です。ユーザーからキーボードでの入力を受け付け、入力された文字列を返します。

　prompt関数でキーボードでの入力を受け付け、入力された内容をそのままコンソールに表示するプログラムを書いて実行してみましょう。

ユーザーからの操作を受け付けられると、プログラムで実行できることの幅が広がるよ

> c3_1_2.js

```
001   let txt = prompt();
002   console.log(txt);
```

prompt関数を実行すると、ブラウザのメッセージウィンドウが表示され、入力を待機する状態になります。この状態でキーボードから何かを入力して Enter キーを押す、またはOKボタンをクリックすると、入力した文字列がprompt関数の戻り値になり、プログラムの続きが実行されます。

POINT

現在では、8章で解説するようにWebページにある入力欄からユーザーの入力を受け付ける方法が主流になっていますが、今回はJavaScriptだけで操作を受け付けるためにprompt関数を使ってもらいました。

実行結果

1 文字を入力して Enter キーを押す、またはOKボタンをクリックする

2 コンソールに、入力した文字が表示される

prompt関数は引数なしでも実行できますが、**引数に文字列を指定すると、入力をうながすメッセージとして表示できます。**

商品の税抜価格を入力すると、10%の消費税額が表示されるプログラムを書いて実行してみましょう。prompt関数の戻り値は文字列型なので、数値の入力を受け付けて計算を行うようなプログラムを書く場合には、入力結果をparseInt関数などで数値に変換する必要があります。

POINT

prompt関数のメッセージの最後に「：」などを付けると、ユーザーがここに入力するのだと伝わりやすくなります。

c3_1_3.js

```
001  let price = parseInt(prompt('税抜価格を数字で入力: '));
002  let tax = price * 0.1;
003  console.log('消費税額:', tax);
```

実行結果

注意

このプログラムで、数字以外の文字列を入力すると、parseInt 関数で数値型に型変換できず、変数 tax の値が NaN (Not a Number の略で、数値でないことを表す) という値になってしまいます。

コードのどこにスペースを入れるか

JavaScript では、コードの中で**必ず半角スペースを入れなければならない部分**があります。例えば、変数 variable を宣言する際にキーワード let と変数名の間にスペースを空けずに「letvariable」と書いていると、これが 1 つの単語とみなされ「宣言されていない変数が使われた」としてエラーが発生します。

スペースが必須であるケース

```
let variable;                    キーワードの後ろのスペース
```

それに対して、これまでのサンプルコードでも＝や＋などの演算子の前後に半角スペースを空けていましたが、これは**読みやすさのためのもの**なので、取り除いてもエラーにはなりません。

読みやすさのためのスペース

```
square = width * height;         演算子の前後のスペース
console.log('子', '丑', '寅');    引数を区切るカンマの後ろのスペース
```

⧗ 達成目標　40 秒

プログラムを見て
関数・メソッドに印を付けろ

プログラムのコードを見て、関数・メソッドの名前の下に印を付けてください。

3 章 ▼ 命令と条件分岐

```javascript
console.log(parseInt(prompt()) + 100);
```

1
```javascript
alert('メッセージに表示されます');
console.log('コンソールに表示されます');
```

2
```javascript
let txt = prompt('Input something: ');
console.log(txt, 'was input');
```

3
```javascript
let price = parseInt(prompt('税抜価格を数字で入力: '));
let tax = price * 0.1;
console.log('消費税額:', tax);
```

4
```javascript
let width = parseInt(prompt('四角形の底辺は？ '));
let height = parseInt(prompt('四角形の高さは？ '));
let square = width * height;
console.log('四角形の面積は', square);
```

⧗ 達成目標　50 秒

式を見て処理順を示せ②

式に含まれる下線を引かれた演算子・関数・メソッドの処理順を書き込んでください。

```
console.log(prompt() + 'が入力されました');
        ③      ①    ②
```

1 `'入力結果: ' + prompt()`

2 `let square = width * height`

3 `let circle = parseInt(prompt('半径は？ ') ** 2 * 3.14)`

4 `console.log(parseInt('4' + '2') + 42)`

5 `console.log('2倍にすると' + parseInt(prompt('数を入力: ')) * 2)`

分岐とは？

条件に合わせて行う処理を変える「分岐」を使いこなせば、いろいろな場面に対応できるプログラムを作成できます。

条件によって行う処理を変える

ここまで作成してきたプログラムは、書かれた順番で上から実行していく構造のものばかりでしたが、JavaScriptだけでなく多くの言語では以下の3つの構造を組み合わせてプログラムを作成します。

順次	上から下へ書かれた処理を順番に実行する
条件分岐	条件にしたがって処理を分岐させる
繰り返し	特定の処理を繰り返し行う

これまで学んできた順次構造のプログラムでは、「合い言葉を訊いて敵か味方か判断する」といった処理はできません。**条件に当てはまる場合や、当てはまらない場合に違う処理を実行する**という処理を実現するための構造が、今から学習する**条件分岐**です。

条件分岐を使うと、下の図のように**プログラムの流れを分かれさせる**ことができます。

条件分岐、繰り返しを行うための文を、流れを制御するための構文という意味で「制御構文」というよ

合言葉が正しい場合　　合言葉が間違っている場合

味方と判断　　　　　　敵と判断

順次構造のプログラムは上から下へと実行されていくだけですが、条件分岐やこのあとに学習する繰り返しを使うことで、不要な部分を読み飛ばしたり、上に戻ったりすることができます。

プログラムの構造が複雑になると処理の流れが複雑になるので、**フローチャート（流れ図）**という図を書いて整理します。

POINT

残る構造の「繰り返し」については、5章で解説します。

フローチャートを書く際は、以下のように**通常の処理は四角**で、**条件分岐の部分はひし形**で表現します。

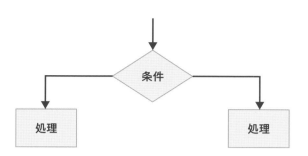

プログラムの流れがわからなくなったら、一度フローチャートを書いて整理してみよう

trueとfalse

条件分岐において、条件に当てはまるかどうかをプログラムが判断する際に使われるのが**真偽値（Boolean）**です。

真偽値は数値や文字列などと同じく値の種類の1つですが、条件に当てはまる状態を指す**true（真）**と、条件に当てはまらない状態を指す**false（偽）**の2つの値しか取りません。

JavaScriptで条件分岐を書く際は、この真偽値によって条件に当てはまるかどうかを判断し、流れを分岐させることになります。

真偽値には、trueとfalseのどちらかだけでグレーゾーンがない

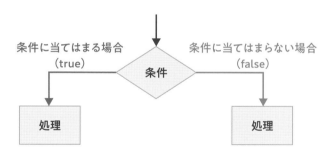

また、プログラムの3つの構造のうち繰り返しにおいても、処理を行うかどうかを真偽値によって判断する場面があります。

SECTION 03 条件を満たすかを判断する

条件分岐における「条件」をコンピュータにわかる言葉で書くために、trueか falseの真偽値を返す演算子や関数・メソッドについて学びましょう。

条件はコンピュータに通じる言葉で書かなくてはいけない

値を比較する比較演算子

比較演算子とは、2つの値を比較して、比較の結果をtrueかfalseの真偽値で返す演算子です。

例えば、生まれた年を入力して、和暦が「令和」かどうかを判定するプログラムを考えてみましょう。

令和元年は2019年なので、このプログラムにおいて和暦が「令和」かどうかを判定する条件は**「生年の値が2019以上であるか」**と表現することができます。実際には2019年でも4月までは和暦は「平成」ですが、この時点では年だけを考えることとします。

生年の値が2019以上である場合（true） ← 条件 → 生年の値が2019より小さい場合（false）

令和である　　令和でない

生年の値を変数birthYearとして、「生年が2019以上であるか」をプログラムで表現すると次のようになります。

```
birthYear >= 2019
```

ここで使用した「>=」は、左辺が右辺以上であるかを判定する比較演算子です。比較の結果、左辺が右辺以上であれば真偽値trueを、そうでなければ真偽値falseを返します。このように条件を返す式を、**条件式**といいます。

比較演算子が真偽値を返すことを確認するため、ユーザーから生年の入力を受け付けて、2019以上であるかを表示するプログラムを書いて実行してみましょう。

比較演算子「>=」を使うので、birthYearの値が2019である場合は条件に当てはまるよ

c3_3_1.js

```
001  let birthYear = parseInt(prompt('生年を入力: '));
002  console.log(birthYear >= 2019);
```

実行結果

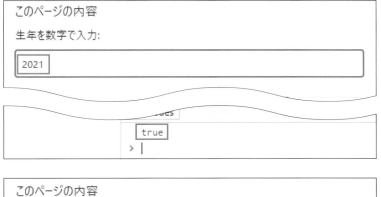

> 注意
>
> prompt関数の戻り値は文字列なので、parseInt関数で数値型に型変換していることに注意してください。

> 参考URL
>
> 比較演算子
> https://developer.
> mozilla.org/ja/docs/
> Web/JavaScript/Guide/
> Expressions_and_
> Operators#comparison_
> operators

比較演算子「>=」で比較を行った結果、入力された値が2019以上の場合はtrueを、2019より小さい場合はfalseを返しています。

比較演算子には、「>=」以外にも以下のようなものがあります。

・主な比較演算子

演算子	意味	例
<	左辺は右辺より小さい	a < b
<=	左辺は右辺以下である	a <= b
>	左辺は右辺より大きい	a > b
>=	左辺は右辺以上である	a >= b
===	左辺と右辺は等しい	a === b
!==	左辺と右辺は等しくない	a !== b

左辺と右辺が等しいかどうかを判定する**厳密等価演算子**「===」は、代入演算子「=」と区別するために＝を3つ書く必要があります。

> POINT
>
> ＝を2つ書く、厳密でない等価演算子もありますが、型が違うデータ同士の比較などで意図しない結果が出ることが多いので、厳密等価演算子を使うようにしておくとよいでしょう。

論理演算子で複数の式から条件を作る

　今度は、西暦で生まれた年を入力して、和暦が「平成」かどうかを判定するプログラムを考えてみましょう。

　平成元年は1989年、最後の年は2019年なので、和暦が「平成」かどうかを判定するには、変数birthYearが以下の2つの式を同時に満たしているかを判定する必要があります。

```
1989 <= birthYear
birthYear <= 2019
```

　ここで、**論理演算子**の&&（AND）を使えば、これら2つの式を1つにまとめることができます。

　論理演算子とは、真偽値を受け取って計算を行い、結果を真偽値で返す演算子で、**&&（AND）**、**||（OR）**、**!（NOT）** の3種類があります。

　&&（AND）は、受け取った2つの真偽値が両方ともtrueであればtrueを、それ以外の場合はfalseを返す論理演算子です。「平成」を判定する条件は、先ほどの2つの式が両方ともtrueであるかを判定すればよいので、&&（AND）を使って次のように表現できます。

```
1989 <= birthYear && birthYear <= 2019
```

　比較演算子と論理演算子では比較演算子のほうが優先順位が高いため、以下の図のように左辺「1989 <= birthYear」と右辺「birthYear <= 2019」の計算結果（真偽値）を論理演算子&&（AND）が受け取り、計算を行って真偽値を返します。

　ユーザーから生年の入力を受け付けて、1989と2019の範囲内にあるかを判定するプログラムを書いて実行してみましょう。

> **c3_3_2.js**

```
001  let birthYear = parseInt(prompt('生年を入力: '));
002  console.log(1989 <= birthYear && birthYear <= 2019);
```

2019年でも5月からは令和であることは一旦忘れよう

 参考URL

論理演算子
https://developer.
mozilla.org/ja/docs/
Web/JavaScript/Guide/
Expressions_and_
Operators#logical_
operators

POINT

演算子などの記号の優先順位については、P.34を参照してください。

> 実行結果

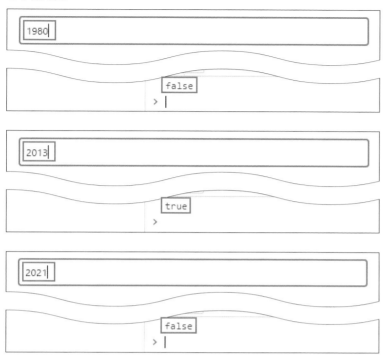

次に、生年としてありえない値を判定するプログラムを考えてみましょう。生年としてありえない、負数か、現在の西暦より大きい値が入力された場合にtrueを返すとします。

生年としてありえない値を判定するには、**以下の2つの式のどちらかを満たしているかをチェックします**（変数currentYearには現在の西暦が代入されているとします）。

```
birthYear < 0
currentYear < birthYear
```

この2つの式も、論理演算子||（OR）を使えば1つにまとめられます。**論理演算子||（OR）は、受け取った2つの真偽値のうち、どちらかがtrueであればtrueを、それ以外の場合はfalseを返します。**

```
birthYear < 0 || currentYear < birthYear
```

ユーザーから生年の入力を受け付けて、ありえない値であるかを判定するプログラムを書いて実行してみましょう。

> c3_3_3.js

```
001  let birthYear = parseInt(prompt('生年を入力: '));
```

&&は「かつ」、||は「または」と考えるといいよ

POINT

負数の判定でも、現在の西暦より大きいかの判定でも、比較演算子にはイコールを付けない不等号を使っています。

```
002   let currentYear = 2021;
003   console.log(birthYear < 0 || currentYear < birthYear);
```

◉ 実行結果

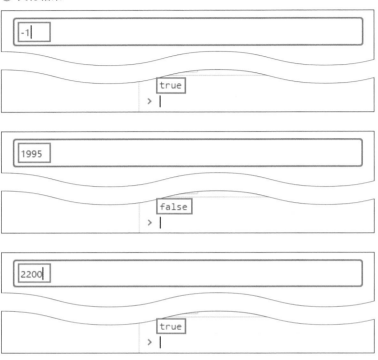

感覚的な話ですが、生年としてありえない値が入力された場合に「true（真）」と表示されることには少し違和感があります。このような場合、論理演算子 !（NOT）を使って真偽値を逆転させるとよいでしょう。

3つ目の**論理演算子 !（NOT）は、真偽値を返す関数・メソッドや式の前に書くことで、その真偽値が true であれば false に、false であれば true に逆転させます。** !（NOT）は演算子ですが左側に値を書くことができず、1つの値しか受け取ることができない**単項演算子**です。

先ほどの条件式をカッコで囲み左側に論理演算子 !（NOT）を書くと、生年としてありえない値に対して「false（偽）」と表示できます。

```
!(birthYear < 0 || currentYear < birthYear)
```

数値の計算に使う「+」「*」などの演算子に優先順位が決められていたように、3つの論理演算子にも優先順位が決められており、**!（NOT）が最も優先され、その後に &&（AND）、最後に ||（OR）と続きます。**

論理演算子の優先順位

! (NOT) ＞ && (AND) ＞ || (OR)

POINT

単項演算子には not の他にも、負数を表すために使う「−」があります。

⧗ 達成目標 120秒

式を見て処理順を示せ③

式に含まれる演算子の処理順を書き込んでください（カッコや.は演算子ではありません）。

i + 1 < 10 && i < 100
　①　②　　④　　③

1　! true && true

2　true || ! false && true

3　(true || ! false) && true

4　12 < a + i && a + i < 20

5　text !== password || text === ''

6　text !== '山' || text !== '川' || text === ''

7　! a < 16 || ! 65 < a && a < i + 99

⏳ 達成目標 150 秒

出力結果は true か false か

プログラムのコードを見て、最後に表示される真偽値を書き込んでください。

3章
▼
命令と条件分岐

```
let txt = 'abc';
console.log(txt === 'abc');     true
```

1
```
console.log(100 >= 100);
```

2
```
console.log(!(100 < 100));
```

3
```
let text = 'password';
console.log(text !== 'password');
```

4
```
let age = 21;
console.log(age >= 20);
```

5
```
console.log(true && false);
```

6
```
console.log(true || false);
```

7
```
let flg = !true && true;
console.log(flg);
```

8
```
let flg = true || false && true;
console.log(flg);
```

```
9  let text = '山';
   console.log(text === '山' || text === '川');
```

```
10  let flg = (true || false) && true;
    console.log(!flg);
```

```
11  let age = 65;
    console.log(age < 18 || 65 < age);
```

```
12  let text = 'ninja';
    console.log(text === 'NINJA');
```

```
13  let score = 72;
    let bestScore = 70;
    console.log(score >= bestScore);
```

```
14  let bmi = 21.5;
    console.log(18.5 <= bmi && bmi < 25);
```

SECTION 04 if文で処理を分岐する

ここまで学んできた条件の判定をif文と組み合わせることで、条件の真偽によって違う処理を行えるようになります。

3章 ▼ 命令と条件分岐

if文の書き方

if文は、ある条件に当てはまる場合のみ、その下に書かれた処理を行うことができる構文です。

ここまで、条件を記載してtrueかfalseかの判定を受け取る方法を学んできましたが、**条件の判定をif文と組み合わせることでプログラム内に条件分岐を作ることができます**。

if文は、キーワードifの後ろに半角スペースを1つ書いて、続けてカッコで囲んで条件となる式を書きます。

> if文は「もしも（条件式）だったら以下の処理を行う」という命令だ

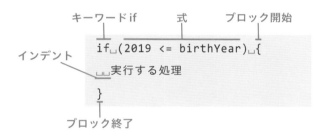

```
キーワードif      式      ブロック開始
if␣(2019 <= birthYear)␣{
␣␣実行する処理
}
ブロック終了
```
インデント

条件の次の行から、条件に当てはまる場合に実行する処理を書きますが、上の図ではこの部分を**中カッコ（{}）で囲み、行頭に半角スペース2つを挿入しています**。このように、プログラムの一部を中カッコで囲むことを**ブロック化**、プログラムの行頭に空白を入れて字下げすることを**インデント**といいます。

ブロック化は、**複数の文を1つにまとめるための仕組み**です。if文の条件が当てはまった場合に実行する処理は、必ず1つの文である必要がありますが、上の図のように中カッコ（{}）でまとめておくと複数の処理を実行することができます。

インデントは、コードを読みやすくするために**ブロックの内部を字下げして記述すること**です。1段のインデントには、タブ文字、2つか4つの半角スペースが使われることが一般的ですが、本書では半角スペース2つを用いて記述します。

参考URL

if...else
https://developer.mozilla.org/ja/docs/Web/JavaScript/Reference/Statements/if...else

POINT

if文の条件式が当てはまる場合に実行する処理が1つだけである場合は、中カッコ（{}）でブロック化を行う必要はありませんが、コードを読みやすくするために常にブロック化を行うことをお勧めします。

ユーザーから生年を西暦で入力してもらい、数値が2019以上であれば「令和」と表示して、そうでなければ何も行わず、どちらの場合でも最後に「判定終了」と表示するプログラムを書いて実行してみましょう。

▶ **c3_4_1.js**

```js
001  let birthYear = parseInt(prompt('生年を西暦で入力: '));
002  if (2019 <= birthYear) {
003    console.log('令和');
004  }
005  console.log('判定終了');
```

POINT

分岐させたい部分をif文で書き終わったら、ブロックを終了して行頭から続きを書きます。

▶ **実行結果**

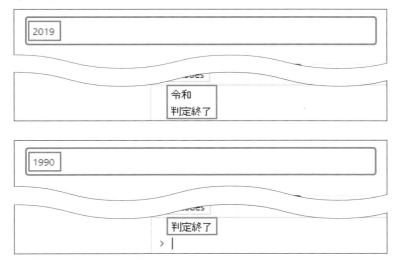

　ifの後ろの条件に当てはまる数値2019を入力すると「令和」と表示され、条件に当てはまらない数値1990を入力すると表示されません。5行目のconsole.log('判定終了')は、if文のブロックに含まれておらず、どちらの場合でも「判定終了」と表示する処理は実行されています。

　このプログラムをフローチャートにすると以下のようになります。

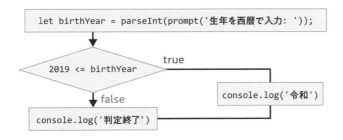

falseの場合は、if文のブロックを読み飛ばしているね

else句で分岐を増やす

if文の最初に書いた条件式に当てはまらない場合に行う処理を書きたい場合は、**else句**を追加します。

ifの行に書いた条件とは**違う条件を付け加えたい場合はelseとifを並べて書き、どの条件にも当てはまらないときの処理を書きたい場合はelseのみを書きます**。

先ほどのプログラムに、「平成」を判定するelse if、「令和」でも「平成」でもない場合の処理を書くelseを書き加えてみましょう。

POINT

else句の中の処理も、ブロック化しておくことを推奨します。

> **c3_4_2.js**

```javascript
001  let birthYear = parseInt(prompt('生年を西暦で入力: '));
002  if (2019 <= birthYear) {
003    console.log('令和');
004  }
005  else if (1989 <= birthYear) {
006    console.log('平成');
007  }
008  else {
009    console.log('対象外');
010  }
011  console.log('判定終了');
```

> **実行結果**

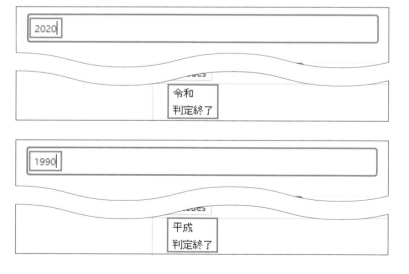

どの場合でも、分岐を抜けたあとの「判定終了」は表示されているね

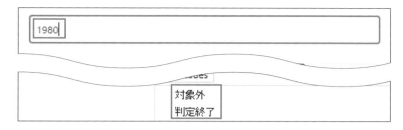

```
1980|
```

```
对象外
判定终了
```

このプログラムをフローチャートにすると以下のようになります。

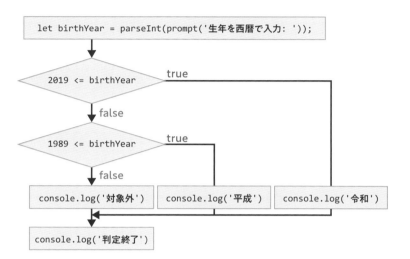

POINT

条件分岐のひし形からtrue
とfalseの矢印を書く際、
どちらを右に書くか、下に
書くかについては特に決ま
りがありません。
できるだけ少ないスペース
でフローチャートを書ける
ように考えて矢印を書きま
しょう。

条件分岐の中に条件分岐を書く

　西暦が2019である場合、和暦は「令和」と「平成」のどちらの可能性も
あります。そこで、新しい条件「birthYear === 2019」に当てはまった場
合は月まで入力を求めるプログラムに変更しましょう。

　2019年5月以降は「令和」、それ以前は「平成」なので、月の入力を求
めて「令和」か「平成」かを判定する部分は以下のようになります。

2019年でも4月までは
平成であることを再び
思い出そう

```
birthMonth = parseInt(prompt('月を入力: '));
if (5 <= birthMonth) {
  console.log('令和');
}
else {
  console.log('平成');
}
```

　これをプログラムに組み込んでみましょう。

> c3_4_3.js

```
001  let birthYear = parseInt(prompt('生年を西暦で入力: '));
002  if (2020 <= birthYear) { ················· 数値を2020に変更
003    console.log('令和');
004  }
005  else if (birthYear === 2019) { ····· このelse ifを追加
006    let birthMonth = parseInt(prompt('月を入力: '));
007    if (5 <= birthMonth) {
008      console.log('令和');
009    }
010    else {
011      console.log('平成');
012    }
013  }
014  else if(1989 <= birthYear) {
015    console.log('平成');
016  }
017  else{
018    console.log('対象外');
019  }
020  console.log('判定終了');
```

POINT

変数birthMonth は
「birthYear === 2019」の条
件に当てはまった場合のみ
作成される変数なので、他
のブロックでこの変数を参
照しようとするとエラーが
発生します。

このプログラムをフローチャートにすると以下のようになります。

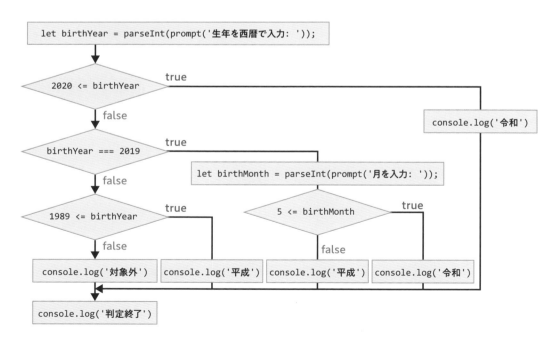

このように、条件分岐の中に条件分岐を書くことで、より複雑なケースにも対応できます。

真偽値以外でfalseと判定される値

ifの後ろに書く条件式には、比較演算子を使った式の他に、真偽値以外の値も書けます。

例えば、ifの後ろに文字列型の変数を書くと、**値が空文字列（長さが0の文字列）である場合はfalse、それ以外の場合はtrue**とみなされます。

ユーザーからの入力を受け付け、入力がなければメッセージを表示するプログラムを書いて実行してみましょう。

▶ c3_4_4.js

```
001  let text = prompt('文字を入力してください: ');
002  if (!text) {
003    console.log('入力されていません。');
004  }
```

▶ 実行結果

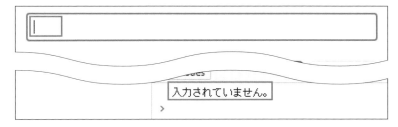

変数textの前に論理演算子! （NOT）が付いているので、**textの判定結果がfalseである場合（textの値が空文字列である場合）にifのブロックに書かれた処理が実行されます。**

空文字列以外にも、以下の値はすべてfalseとみなされます。

▶ falseとみなされる値

```
false '' 0 null undefined
```

その他の値はすべてtrueとみなされます。

空文字列は''（もしくは""）というように引用符2つを連続して書いて表現するよ

POINT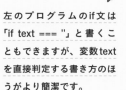

左のプログラムのif文は「if text === ''」と書くこともできますが、変数textを直接判定する書き方のほうがより簡潔です。

POINT

trueとみなされる値はtruthy、falseとみなされる値はfalsyと呼びます。

達成目標 **300** 秒

コードを見て
フローチャートを書け

プログラムのコードを見て、フローチャートを書いてください。

```javascript
let password = prompt('山: ');
let text = '';
if (password == '川') {
    text = '入れ';
}
else {
    text = '何奴！';
}
console.log(text)
```

```
let password = prompt('山: ');
        ↓
    let text = ''
        ↓
password === '川'  ──true──→  text = '入れ'
        │ false                    │
        ↓                          │
   text = '何奴!'                   │
        ↓←────────────────────────┘
  console.log(text)
```

```javascript
let ninja = true;
if (ninja) {
  console.log('にんにん');
}
else {
  console.log('なむなむ');
}
```

```
let age = parseInt(prompt());
if (40 <= age) {
  console.log('上忍');
}
else if (30 <= age) {
  console.log('中忍');
}
```

```
let mailAddress = true;
let password = false;
if (mailAddress) {
  if (password) {
    console.log('ログイン成功');
  }
  else {
    console.log('ログイン失敗');
  }
}
```

if文以外の分岐

条件分岐を書くための構文には、if文以外にも場合分けに特化したswitch文、条件によって違う値を返す三項演算子があります。

switch文で場合分けする

JavaScriptには、条件に合うか否かで処理を分岐するif文だけではなく、**switch文**という**場合分けのための条件分岐**が存在します。switch文は以下のような形式で書きます。

switch文で記述する処理はif文を使っても書けるが、switch文を使うことで場合分けの意図が伝わりやすくなる

```
キーワードswitch ブロック開始

switch␣(値) {
␣␣case 場合1
␣␣␣␣値が場合1であるときに実行する処理
     break;
␣␣case 場合2
␣␣␣␣値が場合2であるときに実行する処理
␣␣␣␣break;
␣␣default:
␣␣␣␣どの場合にも当てはまらないときに実行する処理
}
```

インデント

ブロック終了

最初にキーワードswitchの後ろに半角スペースを1つ書いて、カッコに囲んで場合分けに用いる値を書きます。

次に、ブロック内に**case句**を書いて、選択肢とその選択肢に当てはまった場合に実行する処理を書きます。それぞれのcase句の最後には、**ブロックから脱出する命令であるbreak文**を使用します。

どの選択肢にも当てはまらない場合に実行したい処理がある場合は、ブロックの最後に**default句**を追加します。

ユーザーに好きな季節を入力してもらい、入力された値によって5通りの場合分けの処理を実行するプログラムを書いてみましょう。

```
001   let season = prompt('好きな季節は？: ');
002   switch (season) {
003     case '春':
004       console.log('あなたは心清き人です');
005       break;
006     case '夏':
007       console.log('あなたは心強き人です');
008       break;
009     case '秋':
010       console.log('あなたは心深き人です');
011       break;
012     case '冬':
013       console.log('あなたは心広き人です');
014       break;
015     default:
016       console.log('そんな季節はありません');
017   }
```

POINT

break文は5章で学習する繰り返しでも使用します。ブロックから脱出するためのものと覚えておきましょう。

switch文の中でcase句は「条件に当てはまった場合にここから処理を開始する」という目印なので、**各case句の最後にbreak文を書いておかないと、その下に書かれている処理がすべて実行されてしまいます。** そのことを利用して効率的なコードを書くテクニックも存在しますが、ほとんどの場合は不具合の原因になるので、case句の最後にはbreak文を書くことを忘れないでください。

default句はブロックの一番下に書くので、最後にbreak文を書いていなくても問題ないよ

三項演算子で条件分岐をコンパクトに書く

3つの項を受け取って1つの値を返す**三項演算子**を使うことによって、条件分岐をコンパクトに書くことができます。三項演算子は以下のような形式で書きます。

条件式␣?␣条件が真の場合の値␣:␣条件が偽の場合の値

三項演算子を使う処理もif文を使って書くことができるが、三項演算子のほうが行数が少なくて済む

代入文の右辺に三項演算子を書くことで、変数に代入する値を分岐させることができます。三項演算子を使って、変数fishに代入する値を分岐させるプログラムを書いて実行してみましょう。

c3_5_2.js

```
001  const headToLeft = true;
002  let fish = headToLeft ? 'ヒラメ' : 'カレイ';
003  console.log(fish);
```

実行結果

```
ヒラメ
```

1行目で変数headToLeftにtrueを代入しているため、2行目の代入文の右辺は'ヒラメ'を返しています。

また、このプログラムをif文を使って書くと、以下のようになります。

お腹を上にしたときに、頭が左を向いていればヒラメ、右を向いていればカレイだと言われているぞ

c3_5_3.js

```
001  const headToLeft = true;
002  let fish;
003  if (headToLeft) {
004    fish = 'ヒラメ';
005  }
006  else {
007    fish = 'カレイ';
008  }
009  console.log(fish);
```

三項演算子を使うか否かで、プログラムの行数が6行も変わることがわかります。

なお、**三項演算子の値の部分にさらに三項演算子を書く**ことで入れ子の条件を表現することもできますが、あまり複雑な条件を1行で書いてしまうとプログラムの読みやすさが損なわれてしまいます。入れ子の条件はif文で表現するか、改行とインデントをうまく使ってわかりやすく書くように注意しましょう。

POINT

条件分岐には、if文、switch文、三項演算子の3つの書き方があることを学びました。場合分けを表現したいときはswitch文、単純な分岐をコンパクトに書きたいときは三項演算子、それ以外はif文というように使い分けましょう。

4章

少し高度なデータ

複数のデータを1つの変数にまとめる仕組みを紹介します。ここで紹介するデータ形式を使いこなすことで、さらに便利なプログラムを書くことができます。

配列に複数の値を まとめる

ここまで1つの変数には1つの値だけを格納してきましたが、JavaScriptには複数の値を格納できる、配列という便利な型があります。

配列の作り方

配列（Array）は、これまで登場した数値、文字列、真偽値などとは異なり、複数の値をまとめて格納できる型です。格納される値は、「要素」と呼ばれます。

POINT

配列内の個々の要素は型が異なっていてもよく、数値、文字列、真偽値を1つの配列に格納することもできます。

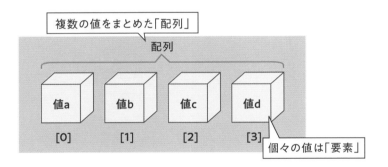

複数の値をまとめた「配列」

配列

値a　値b　値c　値d

[0]　　[1]　　[2]　　[3]

個々の値は「要素」

配列の大きな特徴は**要素に順番を付けて管理できる、作成したあとに要素の順番や内容を書き換えることができる**という2点です。配列を作成するときは、0個以上の要素をカンマで区切り、全体を[]（角カッコ）で囲みます。

角カッコの中に何も要素を書かずに、データを格納していない空配列を作ることもできるよ

```
let walks = ['抜き足', '差し足', '忍び足'];
```

配列の要素の参照、書き換え

配列の個々の要素は、順番を示す数値（**インデックス**）を付けて管理されています。配列全体ではなく個々の要素を参照したい場合、配列名の後ろに[]で囲んだ数字を書きます。インデックスは先頭からの相対的な距離を指定するため、**先頭は0から数えはじめます**。

配列walksから要素を取り出すプログラムを書いて実行しましょう。

データの順番を0から数えはじめるのは大事なルールだ

c4_1_1.js

```
001   let walks = ['抜き足', '差し足', '忍び足'];
002   console.log(walks[1]);
```

◉ **実行結果**

```
差し足
```

また、**配列を作成したあとに個々の要素を書き換えることができます**。
インデックス[1]の要素を書き換えたあと、配列全体を参照するようプログラムを書き換えてみましょう。

c4_1_1.js

```
001   let walks = ['抜き足', '差し足', '忍び足'];
002   console.log(walks);
003   walks[1] = '駆け足';  ……… インデックス[1]の要素を書き換え
004   console.log(walks);
```

◉ **実行結果**

```
(3) ['抜き足', '差し足', '忍び足']
(3) ['抜き足', '駆け足', '忍び足']
```

配列の配列を作る

配列には型の異なるデータをまとめて格納できますが、**配列の中に配列を格納して入れ子状にすることもできます**。

c4_1_2.js

```
001   let ninja = ['佐助', '才蔵', '六郎'];
002   let samurai = ['信長', '秀吉', '家康'];
003   let people = [ninja, samurai];
004   console.log(people);
```

◉ **実行結果**

```
(2) [Array(3), Array(3)]
```

表示された結果についてもう少し詳しく見てみましょう。

 参考URL

配列
https://developer.mozilla.
org/ja/docs/Learn/
JavaScript/First_steps/
Arrays

コンソールに「Array(3)」と表示された場合は、ページをもう一度読み込んでみよう。(3)は配列の要素の数だよ

配列の配列の配列……というようにいくらでも複雑なデータ構造を作ることができる

コンソールに表示された実行結果の「▶」をクリックすると、配列の中身を確認できます。

POINT

コンソールに表示されている「length」とは、このあとに説明するlengthプロパティ、配列の長さのことです。

peopleに格納されたninjaから先頭の要素を取り出したい場合は、インデックスを2つ指定すると取り出せます。

```
005   console.log(people[0][0]);
```

🔵 **実行結果**

```
[['佐助', '才蔵', '六郎'], ['信長', '秀吉', '家康']]
佐助
```

配列に要素を追加、削除するメソッド

配列の**push**メソッドを使えば、配列の末尾に要素を追加することができます。

配列には値を変更するための豊富なメソッドがあるよ

≫ **c4_1_3.js**

```
001   let shogun = ['家光', '家綱'];
002   shogun.push('綱吉');
003   console.log(shogun);
```

🔵 **実行結果**

```
(3) ['家光', '家綱', '綱吉']
```

pushメソッドは配列の末尾に要素を追加しますが、配列の先頭に要素を追加するには**unshiftメソッド**を使用します。

```
004   shogun.unshift('秀忠');
005   console.log(shogun);
```

▶ 実行結果

```
(3) ['家光', '家綱', '綱吉']
(4) ['秀忠', '家光', '家綱', '綱吉']
```

concatメソッドで、他の配列を末尾に結合することもできます。concatメソッドは、**もとの配列と引数を結合した配列を戻り値として返すメソッド**なので、代入文の左辺にもとの配列を、右辺にconcatメソッドを書くことで、結合した結果がもとの配列に代入されます。

```
006   let matsudaira = ['家康', '健'];
007   shogun = shogun.concat(matsudaira);
008   console.log(shogun);
```

▶ 実行結果

```
(3) ['秀忠', '家綱', '綱吉']
(4) ['秀忠', '家光', '家綱', '綱吉']
(6) ['秀忠', '家光', '家綱', '綱吉', '家康', '健']
```

ここで、配列shogunに'健'という値が含まれているのはおかしいと判明したとします。そのような場合は、要素の削除と追加を行う**spliceメソッド**で要素を削除します。

spliceメソッドは、配列に対して**要素の削除と追加を同時に行えるメソッド**です。1つ目の引数に削除を開始するインデックスを、2つ目の引数に要素をいくつ削除するかを、そして3つ目以降の引数に新しく追加する要素を指定します。今回は、要素の削除だけを行いたいので、指定する引数は2つ目までです。

インデックス[5]の要素から削除を開始

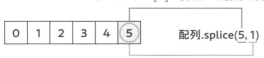

| 0 | 1 | 2 | 3 | 4 | 5 | 配列.splice(5, 1)

削除する要素は1つ

それでは、spliceメソッドで要素を削除しましょう。インデックス[5]の要素を1つだけ削除したいので、引数は(5, 1)と指定します。

unshiftメソッドとは逆に、先頭の要素を取り出すshiftメソッドもあるぞ

注意

concatメソッドを実行しただけではもとの配列は変更されないので注意してください。

📥 **参考URL**

Array.prototype.splice()
https://developer.mozilla.
org/ja/docs/Web/
JavaScript/Reference/
Global_Objects/Array/
splice

```
009    shogun.splice(5, 1);
010    console.log(shogun);
```

▶ 実行結果

```
……前略……
(6) ['秀忠', '家光', '家綱', '綱吉', '家康', '健']
(5) ['秀忠', '家光', '家綱', '綱吉', '家康']
```

pop メソッドを使うと、配列から要素を取り出して、同時にその要素を削除できます。引数にはインデックスを指定しますが、指定しなければ自動的に末尾の要素を取り出して削除します。

引数を指定しなければ末尾の要素を取り出す

配列

| 0 | 1 | 2 | 3 | 4 | ⑤ |

配列.pop()

戻り値

| 5 |

元の配列からは要素が削除される

末尾の要素をpopメソッドで取り出して変数に格納したあと、unshiftメソッドで先頭に追加してみましょう。

```
011    let shodai = shogun.pop();
012    console.log(shogun);
013    console.log(shodai);
014    shogun.unshift(shodai);
015    console.log(shogun);
```

▶ 実行結果

```
……前略……
(5) ['秀忠', '家光', '家綱', '綱吉', '家康']
(4) ['秀忠', '家光', '家綱', '綱吉']
家康
(5) ['家康', '秀忠', '家光', '家綱', '綱吉']
```

個人的には、matsudaira の '健' は配列shogun に含めていいと思うが……

POINT

popメソッドの戻り値を変数shodaiに格納せず、unshiftメソッドの引数に直接shogun.pop()を渡すこともできます。

⧗ 達成目標 **120** 秒

出力結果を書け①

プログラムのコードを見て、最後に表示される出力結果を書き込んでください。

```
let irohaArray = ['い', 'ろ', 'は', 'に', 'ほ', 'へ', 'と'];
console.log(irohaArray[3]);     に
```

4章 ▼ 少し高度なデータ

1
```
let grade = ['松', '竹', '梅'];
console.log(grade[2]);
```

2
```
let classArray = ['下忍', '中忍'];
classArray.push('上忍');
console.log(classArray);
```

3
```
let planetArray = ['水星', '金星', '地球', '火星', '木星',
                   '土星', '天王星', '海王星', '冥王星'];
let removed = planetArray.pop();
console.log(removed);
```

SECTION 02 配列を操作する

配列には、要素を追加、削除するメソッドだけではなく、中身を調べたり並べ替えるためのメソッドも用意されています。

配列そのものを調べる

はじめに、配列そのものについて調べるためのメソッドを紹介します。lengthプロパティを取得すると、配列の要素数を調べることができます。

> c4_2_1.js

```
001   let daysInMonth = [31, 28, 31, 30, 31, 30, 31, 31, 30,
002                      31, 30, 31];
003   console.log(daysInMonth.length);
```

▶ 実行結果

```
12
```

includesメソッドは、引数に指定した値が配列の中に存在するかを真偽値で返します。数値28と29がそれぞれ存在するかを確認してみましょう。

```
004   console.log(daysInMonth.includes(28));
005   console.log(daysInMonth.includes(29));
```

▶ 実行結果

```
…前略…
true
false
```

POINT

配列のプロパティとは、そのが持つ属性のことです。P.144で詳しく解説しますが、今は「配列は、lengthという属性に要素の数を記録している」というイメージで捉えておいてください。

POINT

includesメソッドは、2つ目の引数としてどのインデックスから確認を始めるかを数値で指定することができます。

4章 ▼ 少し高度なデータ

配列の要素を検索する

次に、配列に含まれる要素を検索するためのメソッドを紹介します。

indexOfメソッドは、指定された引数と同じ値を持つ要素のインデックスを返します。同じ値の要素が複数ある場合は、**最初に登場するインデックスを返します**。

> c4_2_2.js

```
001  let daysInMonth = [31, 28, 31, 30, 31, 30, 31, 31, 30,
002                      31, 30, 31];
003  console.log(daysInMonth.indexOf(30));
```

実行結果

```
3
```

lastIndexOfメソッドを使えば、指定した値が**最後に登場するインデックス**を検索することができます。

```
004  console.log(daysInMonth.lastIndexOf(30));
```

実行結果

```
…前略…
10
```

POINT

indexOfメソッドもlastIndexOfメソッドも、指定した値が存在しない場合は-1を返します。

配列の複数の要素を更新する

[]（中カッコ）でインデックスを指定して、配列の一部の要素を書き換える方法をすでに学びましたが、一度に複数の要素を書き換えるためのメソッドもあります。

fillメソッドは、配列の中で特定の範囲を同じ値に書き換えるメソッドです。1つ目の引数に**更新する値**を、2つ目の引数に**更新を開始するインデックス**を、3つ目の引数に**更新を終了するインデックス**を指定します。1つ目の引数以外は省略可能で、省略した場合は開始するインデックスは0、終了するインデックスは配列の長さが自動的に指定されます。

POINT

インデックスを指定して更新を何度も繰り返すこともできますが、ここで紹介するメソッドを使うほうが効率的な場合が多いでしょう。

c4_2_3.js

```
001  let week1 = ['月', '火', '水', '木', '金'].fill('祝');
002  let week2 = ['月', '火', '水', '木', '金'].fill('祝',
     2);
003  let week3 = ['月', '火', '水', '木', '金'].fill('祝',
     2, 3);
004  console.log(week1);
005  console.log(week2);
006  console.log(week3);
```

week1のような週ばかりだと嬉しい

実行結果

```
(5) ['祝', '祝', '祝', '祝', '祝']
(5) ['月', '火', '祝', '祝', '祝']
(5) ['月', '火', '祝', '木', '金']
```

week1は開始するインデックスも終了するインデックスも省略しているので、配列の先頭から末尾まですべての要素が1つ目の引数'祝'に更新されています。

week2は開始するインデックスに2を指定しているので、インデックス2から末尾までが更新されています。

week3は開始するインデックスに2、終了するインデックスに3を指定しています。このとき、**3つ目の引数に指定した値の、1つ手前のインデックスまでしか更新されていないことに注意してください。**今回のケースでは、3つ目の引数で3を指定しているので、更新されるのは3マイナス1のインデックス2までになり、結果的にインデックス2の要素だけが更新されています。

P.87で配列の要素を削除するために使った**spliceメソッドは、要素の削除だけでなく新しい要素の挿入を行うこともできます。**

spliceメソッドは、1つ目の引数に削除を開始するインデックスを、2つ目の引数に要素をいくつ削除するかを指定しますが、**3つ目以降の引数を指定すると要素を削除した部分に新しい値を挿入します。**

c4_2_4.js

```
001  let music = ['Aメロ', 'サビ'];
002  console.log(music);
003  music.splice(1, 0, 'Bメロ');
004  console.log(music);
```

POINT

fillメソッドはインデックスに負の数を指定することもできます。その場合は末尾から順番を数えて、-1は配列の最後の要素、-2は配列の最後から2番目の要素……となります。

POINT

spliceメソッドは、2つ目までの引数を指定して要素の削除を行うか、2つ目の引数に0を指定して要素の挿入を行うかどちらかの用途で使うことがほとんどで、削除と挿入を同時に行うことはあまりないでしょう。

4 章 ▼ 少し高度なデータ

```
(2) ['Aメロ', 'サビ']
(3) ['Aメロ', 'Bメロ', 'サビ']
```

3行目のspliceメソッドは、2つ目の引数に0を指定しているので要素の削除を行わず、要素の挿入だけを行っています。

配列から新しい配列を作る

sliceメソッドは開始インデックス、終了インデックスを指定して、配列から連続する要素を取り出して新しい配列を作るメソッドです。

fillメソッドのときと同じく、終了インデックスとして指定した値-1のインデックスまでが取り出されることに注意してください。

「配列.slice()」と書くことで、もとの配列のコピーを返すことができるよ

▶ c4_2_5.js

```
001  let duranDuran = ['Simon', 'Nick',
002                        'Andy', 'John', 'Roger'];
003  let thePowerStation = duranDuran.slice(2, 4);
004  console.log(duranDuran);
005  console.log(thePowerStation);
```

◆ 実行結果

```
(5) ['Simon', 'Nick', 'Andy', 'John', 'Roger']
(2) ['Andy', 'John']
```

sliceメソッドの引数は2つとも省略することができ、省略した際は開始インデックスは0が、終了インデックスは配列の長さが自動的に設定されます。

mission **4-02**

達成目標 **120**秒

出力結果を書け②

プログラムのコードを見て、最後に表示される出力結果を書き込んでください。

4章
▼
少し高度なデータ

```
let alphabets = ['a', 'b', 'c', 'd', 'e', 'f', 'g'];
console.log(alphabets.length);
```

7

1
```
const week = ['日', '月', '火', '水', '木', '金', '土'];
console.log(week.length);
```

2
```
const band1 = ['John', 'Paul', 'George', 'Ringo'];
const band2 = ['George', 'Andrew'];
console.log(band1.includes('George')
            && band2.includes('George'));
```

3
```
let days = [31, 28, 31, 30, 31, 30, 31, 31, 30, 31, 30, 31];
console.log(days.lastIndexOf(30) - days.indexOf(30));
```

```
let tasks = ['掃除', '洗濯', '洗いもの'];
tasks.fill('済', 0, 2);
console.log(tasks);
```

4

```
let member = ['久馬', '浅越', '鈴木'];
member.splice(2, 0, 'ギブソン', 'なだぎ');
console.log(member);
```

5

```
let member = ['久馬', '浅越', '鈴木'];
member.splice(2, 0, 'ギブソン', 'なだぎ');
member.splice(3, 2);
console.log(member);
```

6

```
let gotairou = ['徳川', '小早川', '前田', '毛利', '宇喜多'];
let east = gotairou.slice(0, 2);
console.log(east);
```

7

```
let gotairou = ['徳川', '小早川', '前田', '毛利', '宇喜多'];
let west = gotairou.slice(2);
console.log(west);
```

8

SECTION 03 さまざまな文字列

これまでも文字列を使用してきましたが、JavaScriptにはいくつかの種類の文字列があります。ここでは応用的な文字列の操作について解説します。

文字列の一部を取り出す

配列では [ ]（中カッコ）の中にインデックスを指定すると一部の要素を取り出すことができましたが、実は**文字列でもインデックスを指定することで一部の文字を取り出すことができます**。

> c4_3_1.js

```
001   let word = 'JavaScript';
002   console.log(word[0], word[4]);
```

文字列のインデックスも、配列と同じく先頭は0から数えるよ

> 実行結果

```
J S
```

ただし、配列のようにインデックスを指定して値を代入することで一部の値を書き換えることはできないので注意してください。

\ によるエスケープシーケンス

特定の文字の前に \（バックスラッシュ）を付けて書くことで、特殊な文字を入力することができます。これを**エスケープシーケンス**といい、主なエスケープシーケンスの一覧は次の通りです。

注意

Windows環境では、バックスラッシュが ¥（円マーク）で表示されます。

> 主なエスケープシーケンス一覧

エスケープシーケンス	説明
\n	改行
\'	シングルクォート（一重引用符）
\"	ダブルクォート（二重引用符）
\t	水平タブ文字
\\	バックスラッシュ（\）

最も使う機会が多いのは、改行文字として使われる「\n」です。文字列の中にこの文字が含まれていると、改行として扱われます。改行が含まれる文字列を出力するプログラムを書いて実行してみましょう。

バックスラッシュ（\）とスラッシュ（/）は間違えやすいので気を付けよう

▶ c4_3_2.js

```
001  let atsumori = '下天の内を比ぶれば\nゆめ幻のごとくなり';
002  console.log(atsumori);
```

◉ 実行結果

```
下天の内を比ぶれば
ゆめ幻のごとくなり
```

テキストの位置を揃えるために使われるタブ文字は、「\t」と書くことで表現できます。

▶ c4_3_3.js

```
001  console.log('\tabc');
002  console.log('a\tbc');
003  console.log('ab\tc');
```

◉ 実行結果

```
     abc
a    bc
ab   c
```

また、文字列の中に書かれていると**特別な意味を持つ'（シングルクォート）や"（ダブルクォート）のような文字を通常の文字として扱いたい場合も、バックスラッシュを頭に付けます。**

▶ c4_3_4.js

```
001  console.log('You say \'goodbye\'');
002  console.log("and I say \"hello\"");
```

◉ 実行結果

```
You say 'goodbye'
and I say "hello"
```

4章 ▼ 少し高度なデータ

POINT

シングルクォートで囲んだ文字列の中では、ダブルクォートはバックスラッシュを付けなくても通常の文字列として扱われます。ダブルクォートで囲んだ文字列の中のシングルクォートも同様です。

テンプレートリテラルを使いこなす

　メールのテキストなど、改行が多く含まれる長い文字列を作る場合、改行のたびに「\n」を入力して表現することもできますが、プログラム上の文字列の見た目が実際に出力されるときと大きく異なってしまいます。

　そのような場合は、**テンプレートリテラル**を使用します。テンプレートリテラルは**全体を`（バッククォート）で囲んで書きます**。テンプレートリテラルの中に入力した改行やタブ文字はそのまま残されます。

> c4_3_5.js

```
001  let mailText = `お館様
002
003  お世話になっております。
004  服部です。
005
006  今週のシフトをお送りします。
007  月曜　　服部
008  火曜　　川村`;
009  console.log(mailText);
```

実行結果

```
お館様

お世話になっております。
服部です。

今週のシフトをお送りします。
月曜　　服部
火曜　　川村
```

参考URL

テンプレートリテラル（テンプレート文字列）
https://developer.mozilla.
org/ja/docs/Web/
JavaScript/Reference/
Template_literals

忍者もメールで連絡する時代だ

テンプレートリテラルを使えば、文字列の中に変数の値を差し込むこともできます。値を差し込みたい部分を${…}という形で囲むことで、その部分が変数や式の値に応じて書き換わります。

▶ c4_3_6.js

```
001  let animal = '鶴';
002  let longevity = 1000;
003  console.log(`${animal}は${longevity}年`);
```

▶ 実行結果

```
鶴は1000年
```

String.raw記法で\を通常の文字列として扱う

ファイルのパスや正規表現の文字列など、バックスラッシュを多用する文字列を入力する際に、すべてのバックスラッシュを「\\」と書くのは手間です。このようにバックスラッシュをエスケープシーケンスとして認識させたくないときには、**String.raw**という記法を使うと便利です。String.rawは、`（バッククォート）で囲むテンプレートリテラルの前に、「String.raw」と書くことで作成できます。

String.rawを出力するプログラムを書いて実行してみましょう。

rawとは「未加工の」「そのままの」という意味だ

▶ c4_3_7.js

```
001  console.log(String.raw`\Users\libroworks\Documents\
     note.txt`);
```

▶ 実行結果

```
\Users\libroworks\Documents\note.txt
```

String.rawの中に「\n」という文字が含まれていますが、改行として扱われずに「\n」というそのままの文字列として出力されています。このように、String.rawの中ではバックスラッシュを通常の文字列として扱うことができます。

注意

「String.raw」のあとにメソッドのように()を書くとエラーが発生するので注意してください。

文字列を操作する

文字列には、数値や真偽値など他のデータ型と比較して非常に多くのメソッドが用意されているので、その一部を紹介します。

文字列を調べるメソッド

文字列の内容について調べるためのメソッドを紹介します。

includesメソッドを使うと、配列と同じく、引数に指定した値が存在するかが真偽値で返ります。

POINT

配列オブジェクトにあったindexOfメソッド、lastIndexOfメソッドも、文字列にも存在します。

> **c4_4_1.js**

```
001   let text = 'ninja';
002   console.log(text.includes('j'));
```

> 実行結果

```
true
```

startsWithメソッドは文字列が引数の値で始まっているか、**endsWith**メソッドは文字列が引数の値で終わっているかを判定します。

> **c4_4_2.js**

```
001   let url = 'https://libroworks.co.jp';
002   console.log(url.startsWith('https://'));
003   console.log(url.endsWith('.com'));
```

> 実行結果

```
true
false
```

startsWithメソッドで電話番号がある市外局番から始まっているかを調べる、endsWithメソッドで文末に句点が付いているか確認する……などいろんな使い道がありそうだ

startsWithメソッド2つ目の引数としてどのインデックスから確認を始めるかを、endsWithメソッドは2つ目の引数としてどのインデックスで確認を終えるかを、数値で指定することができます。

文字列から新しい文字列を作る

文字列の内容を変更して、新しい文字列を作成するメソッドもあります。なお、文字列は配列のように値を変更できないため、**これらのメソッドはすべて新しい文字列を作成すること**に注意してください。

最も使う機会が多いメソッドは**replace**メソッドです。1つ目の引数で指定した値を、2つ目の引数に置き換えた結果を返します。

> **c4_4_3.js**

```
001   let message = '忍者です。伊賀市出身です。';
002   console.log(message.replace('です', 'でござる'));
```

実行結果

```
忍者でござる。伊賀市出身です。
```

1つ目の引数の文字列「です」を2つ目の引数の文字列「でござる」に置き換えた結果が表示されています。

しかし、replaceメソッドでは**1回目に出現した文字列しか置換の対象にならない**ので、2回目に登場した「です」は置換されないままになっています。

登場するすべての文字列を置換したい場合は、**replaceAll**メソッドを使います。

```
003   console.log(message.replaceAll('です', 'でござる'));
```

実行結果

```
…前略…
忍者でござる。伊賀市出身でござる。
```

trimメソッドは、文字列の最初と最後にある半角スペース、全角スペース、改行文字などの空白文字を取り除くメソッドです。trimメソッドには引数を指定しません。

> 文字列が格納されている変数に新しい文字列を代入することはできるが、それは「値を変更」しているわけではないぞ

POINT

ここでは詳しく解説しませんが、正規表現という方法を使えばreplaceメソッドでも2回目以降に登場する値も置換することができます。

```
001   let toName = '　　服部　様\n';
002   console.log(toName.trim());
```

● 実行結果

```
服部　様
```

POINT

ほかにも \t（水平タブ）、\r（ラインフィード）などが空白文字としてtrimメソッドで除去されます。

　文字列の最初と最後以外の場所にある空白文字は除去されないことに注意してください。

文字列を分離、結合する

　split メソッドは、指定した文字で文字列を分割して、配列を返すメソッドです。分割する文字のことを**セパレータ**といいますが、セパレータには半角スペース、「-」「/」などの記号が使われることが一般的です。

> c4_4_5.js

```
001   let poetry = '忍ぶれど 色に出にけり 我が恋は';
002   console.log(poetry.split(' '));
```

● 実行結果

```
(3) ['忍ぶれど', '色に出にけり', '我が恋は']
```

　concat メソッドは反対に複数の文字列を結合して1つの文字列を返すメソッドです。もとの文字列を先頭に、引数に指定した文字列を順番につなげていきます。

例えば電話番号や郵便番号は「-」で区切られていることが多いよね

> c4_4_6.js

```
001   console.log('臨'.concat('兵', '闘', '者', '皆', '陣'));
```

● 実行結果

```
臨兵闘者皆陣
```

出力結果を書け③

プログラムのコードを見て、最後に表示される出力結果を書き込んでください。

```javascript
let animal = '鶴';
let longevity = 1000;
console.log(`${animal}は${longevity}年`);
```
鶴は1000年

1
```javascript
console.log("You say 'why',\nand I say 'I don't know'");
```

2
```javascript
console.log('Jean'.concat('Claude', 'Van', 'Damme'));
```

3
```javascript
let pointArray = [92, 88, 84];
console.log(`${pointArray[1]}点です`);
```

4章

▼ 少し高度なデータ

4

```
let point = 90;
console.log(`結果は
${point >= 80 ? '合格' : '不合格'}です`);
```

5

```
let folderPath = String.raw`Users\ninja\Documents`;
let fileTitle = 'memo.txt';
console.log(`${folderPath}\\${fileTitle}`);
```

6

```
let htmlText = '古池や<br>蛙飛びこむ<br>水の音';
console.log(htmlText.replaceAll('<br>', '\n'));
```

7

```
let mailText = '\n\nお世話になっております。\n忍者です\n\n';
console.log(mailText.trim());
```

```javascript
let tel = '03-1234-5678';
if (tel.split('-')[0] === '03') {
  console.log('東京都');
}
else {
  console.log('それ以外');
}
```

```javascript
let url = 'https://pub.mynavi.jp';
console.log(`${url.endsWith('.jp') ?
              '日本のドメイン' : 'それ以外'}`);
```

```javascript
let flightNumber = 'JL-101';
switch (flightNumber.split('-')[0]) {
  case 'NH':
    console.log('全日空');
    break;
  case 'JL':
    console.log('日本航空');
    break;
  case 'AA':
    console.log('アメリカン航空');
    break;
}
```

SECTION 05 オブジェクトリテラルで データをまとめる

配列以外に複数の値をまとめる方法として、オブジェクトがあります。オブジェクトという言葉はこれから何度も登場するのでしっかり覚えましょう。

オブジェクトリテラルの作り方

オブジェクトとは、複数の**キー**と**値**の組み合わせをまとめて管理するデータ型です。複数の値をまとめるという点では配列に似ていますが、配列が要素をインデックスで管理しているのに対し、**オブジェクトは個々の値に重複しないキーを与えることで管理します**。

オブジェクトについては7章で詳しく説明する。ここではその基本を学ぶよ

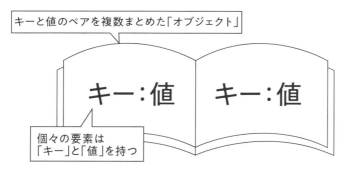

キーと値のペアを複数まとめた「オブジェクト」

キー：値　キー：値

個々の要素は「キー」と「値」を持つ

オブジェクトを作成する方法は複数ありますが、一番簡単な**オブジェクトリテラル**で作成する方法を紹介します。オブジェクトリテラルは、「**キー : 値**」という形でコロンを挟んだペアを、カンマで区切って並べて、全体を {}（波カッコ）で囲む記法のことです。

キー：値のペアを3つ持つオブジェクトリテラルを作成して表示するプログラムを書いて実行してみましょう。

 参考URL

オブジェクト初期化子
https://developer.mozilla.
org/ja/docs/Web/
JavaScript/Reference/
Operators/Object_
initializer

POINT

オブジェクトscoresの最後の要素（89）の後ろにもカンマを書いていますが、プログラムが動作する上で特に影響はありません。このように書いておくと、プログラムを書き換えて要素の順番を入れ替えるときなどに行をそのままコピー＆ペーストできます。

▶ c4_5_1.js

```
001  let scores = {
002    math: 98,
003    japanese: 70,
004    science: 89,
005  };
006  console.log(scores);
```

```
{math: 98, japanese: 70, science: 89}
```

オブジェクトの要素のことを**プロパティ**と呼びます。ここで作成した scores は math プロパティ、japanese プロパティ、science プロパティの3つを持っています。

配列の要素を参照するにはインデックスを指定しましたが、**オブジェクトリテラルのプロパティを参照するときにはプロパティ名を指定します。**

プロパティ名を指定するには、オブジェクト名のあとに［］（角カッコ）に囲んでプロパティ名を文字列として書く**ブラケット記法**、.（ドット）を付けてプロパティ名を書く**ドット記法**の2つの方法があります。先ほどのプログラムに、オブジェクト scores から2種類の方法でプロパティを参照する行を書き足して実行してみましょう。

```
007   console.log(scores['math'], scores.japanese);
```

● **実行結果**

```
…前略…
98 70
```

プロパティ名が変数に格納されている場合は、ブラケット記法で指定します。この方法は、あとで説明する繰り返し処理の中でプロパティを指定するのに便利です。

```
008   let subject = 'science';
009   console.log(scores[subject]);
```

● **実行結果**

```
…前略…
89
```

注 意

存在しないプロパティを参照しようとすると undefined が返ってきます。

POINT

少し応用的なテクニックとして、オブジェクトリテラルの作成時にプロパティ名を［］（角カッコ）で囲むことで、変数の値や式の結果をプロパティ名にすることもできます。
このテクニックは9章で解説します。

4章 ▼ 少し高度なデータ

プロパティの追加、変更

　配列と同じく、オブジェクトリテラルも作成したあとに値を書き換えることができます。まだ**オブジェクトに存在しないプロパティを指定して値を代入する**と、キーと値のペアが新たにオブジェクトに追加されます。すでにオブジェクトにあるプロパティを指定した場合は、既存の値が置き換えられます。

　オブジェクト scores にプロパティの変更・追加を行ったあとにオブジェクト全体を表示する行を書き足して実行してみましょう。

```
010   scores.science = '欠席';  ……………… 要素を変更
011   scores['english'] = 'A+';  …………… 要素を追加
012   console.log(scores);
```

> 実行結果

```
…前略…
{math: 98, japanese: 70, science: '欠席', english: 'A+'}
```

　ここではプロパティの値に文字列を代入しましたが、**プロパティにはオブジェクトや配列も含めて任意の型の値を入れることができます**。

　一方で、**プロパティのキー（プロパティ名）は文字列である必要があります**。ただし、変数の名前として有効な文字列や数字をプロパティとして使う場合は、''（シングルクォーテーション）や""（ダブルクォーテーション）で囲む必要はありません。

プロパティの有無を確認

　オブジェクトの中に、あるプロパティが存在するかどうかを知りたい場合は、**in演算子**を使います。オブジェクト scores に music プロパティが含まれているかを調べる行を書き足して実行します。

```
013   console.log('music' in scores);
```

> 実行結果

```
……前略……
false
```

POINT

プロパティ名を''（シングルクォーテーション）や""（ダブルクォーテーション）で囲めば、'world history'のように、変数名としては無効な文字（半角スペースなど）を使用したプロパティ名も設定できます。

in演算子は比較演算子などと同じく真偽値を返す演算子だ

出力結果を書け④

プログラムのコードを見て、最後に表示される出力結果を書き込んでください。

4章 ▼ 少し高度なデータ

```
let hands = {
  rock : 'beats scissors',
  paper : 'beats rock',
  scissors : 'beats paper',
};
console.log(hands.rock);
```
beats scissors

```
let reviews = {
  '2009': '50年に一度の出来',
  '2010': '新酒らしいフレッシュな味',
  '2011': '21世紀最高の出来',
};
console.log(reviews['2009']);
```

```
2
let scores = {
  math: 98,
  japanese: 70,
  science: 89,
};
console.log(`数学:${scores['math']}点`);
```

```
3
let jackson5 = {
  Jackie: 'tenor', Tito: 'baritone',
  Jermaine: 'bass', Marlon: 'percussion',
  Michael: 'lead',
};
console.log('Randy' in jackson5);
```

```
3
let scores = {
  math: 98,
  japanese: 70,
  science: 89,
};
if (scores.math) {
  console.log('数学受験済');
}
else {
  console.log('数学未受験または0点');
}
```

5章

処理を繰り返す

プログラムの3つの構造のうち、最後の繰り返しについて学習します。コンピュータに繰り返しの命令を出すことで、少ない記述で多くの処理を行わせることができます。

for文による繰り返し

同じ処理を2回以上行わないといけない場合でも、繰り返しを使えばプログラムに
処理を書くのは1回だけで済むので、プログラミングの効率が大きく上がります。

5章 ▼ 処理を繰り返す

繰り返しとは

P.62でも登場した、プログラムの3つの構造を思い出してください。

順次 上から下へ書かれた処理を順番に実行する

条件分岐 条件にしたがって処理を分岐させる

繰り返し 特定の処理を繰り返し行う

繰り返しこそコンピュータが得意な作業だ

これまで学んできた順次構造と条件分岐構造では、同じ処理を何度も
行いたい場合、例えば「手裏剣を3回投げる」といった処理を行う場合は、
行いたい回数だけ同じ処理を書かなければいけません。

そこで、3つの構造のうち最後の**繰り返し**を使うと、「手裏剣を投げる」
という処理を書くのは1回だけでよくなります。このように**同じ処理を何
度も実行する**という動作を実現するための構造が、繰り返しです。

繰り返しをフローチャート上で表現するときは、以下のように**繰り返し
の開始部分と終了部分を、角を落とした四角形で書きます。**

繰り返しは、フロー
チャート上で輪っかの
形になることから**ルー
プ**とも呼ばれるよ

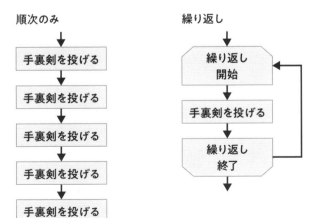

指定した数だけ処理を繰り返す

JavaScriptには繰り返しのための構文がいくつかありますが、まずは最も基本的なfor文から見ていきましょう。

for文は、キーワードforの後ろに、繰り返しの開始時に一度だけ実行される**初期化式**、繰り返しを続けるかどうかを判定する**条件式**、繰り返しのたびに実行する**事後処理**の3つを記号；で区切って書き、カッコで囲みます。

キーワード for
```
for␣(初期化式;␣条件式;␣繰り返しの度に実行する処理;)␣{
␣␣条件が真である間、繰り返す処理

}
```

一番よく使われる形のfor文では、初期化式で繰り返しの回数を数えるための**カウンタ**と呼ばれる変数に0を代入します。そして、条件式でカウンタの値を確認し、事後処理でインクリメント演算子を使ってカウンタを1ずつ増やします。

カウンタを使って、console.logメソッドを3回実行するプログラムを書いてみましょう。**カウンタには、慣例としてiという変数名が使われます**。

> c5_1_1.js

```
001  for (let i = 0; i < 3; i++) {
002    console.log('ペテロはイエスを知らないと言う', i);
003  }
004  console.log('ニワトリが鳴く');
```

> 実行結果

```
ペテロはイエスを知らないと言う 0
ペテロはイエスを知らないと言う 1
ペテロはイエスを知らないと言う 2
ニワトリが鳴く
```

実行結果から、繰り返しのたびに**カウンタiの値が1ずつ増えていっている**ことがわかります。そして、カウンタの値が「**i < 3**」という条件式に**当てはまらなくなったところで、繰り返しが終了しています。**

繰り返し内でどのように処理が行われているか少し丁寧に見ていくと、以下のようになります。

POINT

インクリメント演算子については P.47 を参照してください。

POINT

カウンタが2つ以上必要な場合は、j、k、……nというようにアルファベット順に変数名を変えていきます。

for文は最も基本的な繰り返しではあるが、1行目に書くことが多いので最初は少し難しく感じるかも知れない

```
let i = 0     初期化式
    console.log('ペテロはイエスを知らないと言う', i)     繰り返し処理
    i++     カウンタが1になる
    i < 3     i＝1なのでtrue
    console.log('ペテロはイエスを知らないと言う', i)     繰り返し処理
    i++     カウンタが2になる
    i < 3     i＝2なのでtrue
    console.log('ペテロはイエスを知らないと言う', i)     繰り返し処理
    i++     カウンタが3になる
    i < 3     i＝3なのでfalse
```

条件式には比較演算子「<」(未満)を用いていますが、ここでもし「<=」(以下)を使うと、条件式の数値より多く繰り返しが実行されてしまうので注意してください。

▶ **c5_1_1.js**

```
001  for (let i = 0; i <= 3; i++) { …………比較演算子を変更
002      console.log('ペテロはイエスを知らないと言う', i);
003  }
004  console.log('ニワトリが鳴く');
```

◉ **実行結果**

```
ペテロはイエスを知らないと言う 0
ペテロはイエスを知らないと言う 1
ペテロはイエスを知らないと言う 2
ペテロはイエスを知らないと言う 3
ニワトリが鳴く
```

for-of文の書き方

以下のように、文字列や配列など複数の要素をまとめているデータに対して、繰り返しの中で各要素を取り出して処理を行うことがよくあります。

参考URL

for...of
https://developer.mozilla.
org/ja/docs/Web/
JavaScript/Reference/
Statements/for...of

> **c5_1_2.js**

```
001  let targets = ['マトA', 'マトB', 'マトC'];
002  for (let i = 0; i < 3; i++) {
003      console.log(`${targets[i]}に手裏剣を投げた`);
004  }
```

> **実行結果**

```
マトAに手裏剣を投げた
マトBに手裏剣を投げた
マトCに手裏剣を投げた
```

このように、各要素に対して処理を行いたい場合のために、**for-of文**という構文が用意されています。for-of文は、対象となる要素の数だけ、その下に書かれた処理を行うことができる構文です。

for-of文を書くときは、キーワードforの後ろに配列の各要素を受け取る変数、キーワードof、繰り返しの対象になる配列をカッコに囲んで書きます。

キーワードfor　変数　キーワードof　配列

```
for␣(let␣target␣of␣targets)␣{
    実行する処理
}
```

このように書くことで、配列の要素が1つずつ変数に格納されてはその下のインデントされた処理を実行し、それを**配列の要素の数だけ繰り返します**。

先ほどのプログラムをfor-of文を使うように書き換えて実行してみましょう。実行結果は先ほどと同じです。

> **c5_1_3.js**

```
001  let targets = ['マトA', 'マトB', 'マトC'];
002  for (let target of targets) {
003      console.log(`${target}に手裏剣を投げた`);
004  }
```

配列targetsの要素が1つずつ順番に変数targetに入っているね

繰り返しの中に繰り返しを書く

条件分岐の中に条件分岐を作ることができたように、**繰り返しの中に繰り返しを書いて入れ子状にすることによって、多重のループを作ることもできます。**

例として、アルファベットで日本語の50音を出力するプログラムを考えてみましょう。

日本語の50音は、子音（k, s, t, n…）と5つの母音（a, i, u, e, o）を組み合わせることで表現できます。

これをプログラムで表現すると、母音、子音それぞれの配列を作成したあと、まず子音を入れた配列を処理するfor-of文を書き、その中に母音を入れた配列を処理するfor-of文を書いて、二重のループを作ります。

もちろん、条件分岐の中に繰り返しを書いたり、繰り返しの中に条件分岐を書くこともできる

<table>
<tr><td></td><td>あ
a</td><td>い
i</td><td>う
u</td><td>え
e</td><td>お
o</td></tr>
<tr><td>①</td><td colspan="5"></td></tr>
<tr><td></td><td>か
ka</td><td>き
ki</td><td>く
ku</td><td>け
ke</td><td>こ
ko</td></tr>
<tr><td>②</td><td colspan="5"></td></tr>
<tr><td></td><td>さ
sa</td><td>し
si</td><td>す
su</td><td>せ
se</td><td>そ
so</td></tr>
<tr><td>③</td><td colspan="5"></td></tr>
<tr><td></td><td>た
ta</td><td>ち
ti</td><td>つ
tu</td><td>て
te</td><td>と
to</td></tr>
<tr><td>④</td><td colspan="5"></td></tr>
<tr><td></td><td>な
na</td><td>に
ni</td><td>ぬ
nu</td><td>ね
ne</td><td>の
no</td></tr>
<tr><td>⑤</td><td colspan="5"></td></tr>
</table>

出力する順番

実際にナ行までをアルファベットで出力するプログラムは以下のようになります。

▶ c5_1_4.js

```
001  let consonants = ['', 'k', 's', 't', 'n'];
002  let vowels = ['a', 'i', 'u', 'e', 'o'];
003  for (let consonant of consonants) {
004    for (let vowel of vowels){
005      console.log(`${consonant}${vowel}`);
006    }
007  }
```

POINT

最初に出力するア行は頭に子音を付けないため、子音の配列consonantsの最初の要素は空文字列にしています。

5章 ▼ 処理を繰り返す

実行結果

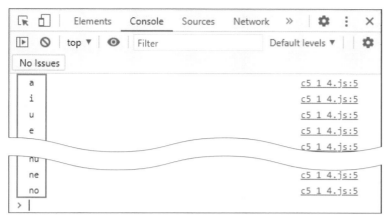

プログラムにはconsole.logメソッドを1回しか書いていないが、繰り返しによって25行も出力している

実行結果を見ると、外側のfor-of文が子音の配列consonantsを1回処理する間に、内側のfor-of文が母音の配列vowelsを5回繰り返していることがわかります。

下の図は、プログラムが子音の変数consonantと母音の変数vowelに代入された値を出力している様子を図にしたものです。

> **外側のfor文 1回目の処理**
> **consonant = ''**
>
> 内側のfor文 1回目の処理 vowel = 'a' 出力値: a
> 内側のfor文 2回目の処理 vowel = 'i' 出力値: i
> 内側のfor文 3回目の処理 vowel = 'u' 出力値: u
> 内側のfor文 4回目の処理 vowel = 'e' 出力値: e
> 内側のfor文 5回目の処理 vowel = 'o' 出力値: o

> **外側のfor文 2回目の処理**
> **consonant = 'k'**
>
> 内側のfor文 1回目の処理 vowel = 'a' 出力値: ka
> 内側のfor文 2回目の処理 vowel = 'i' 出力値: ki
> 内側のfor文 3回目の処理 vowel = 'u' 出力値: ku
> 内側のfor文 4回目の処理 vowel = 'e' 出力値: ke
> 内側のfor文 5回目の処理 vowel = 'o' 出力値: ko

繰り返しでも、処理が複雑になってプログラムを書くのが難しくなってきたら、フローチャートを書いて流れを整理してみよう

出力結果を書け⑤

プログラムのコードを見て、最後に表示される出力結果を書き込んでください。

5章
▼
処理を繰り返す

```
targets = ['マトA', 'マトB', 'マトC']
for (let target of targets) {
  console.log(`${target}に手裏剣を投げた`)
};
マトAに手裏剣を投げた
マトBに手裏剣を投げた
マトCに手裏剣を投げた
```

1
```
for (let i = 0; i < 3; i++) {
  console.log('bicycle');
}
```

2
```
for (let i = 0; i < 4; i++) {
  console.log(i ** 2);
}
```

```
let pointList = [92, 88, 84];
for (let point of pointList) {
  console.log(`${point}点です`);
}
```

3

```
for (let i = 0; i < 3; i++) {
  if (i === 1) {
    console.log('ああ松島や');
  }
  else {
    console.log('松島や');
  }
}
```

4

```
let givenNames = ['Alan', 'Ryan'];
let familyNames = ['Moore', 'Scott'];
for (let givenName of givenNames) {
  for (let familyName of familyNames) {
    console.log(givenName, familyName);
  }
}
```

5

while文による繰り返し

繰り返しには、初期化式と事後処理が必要ないwhile文という構文もあります。
あらかじめ回数が決まっていない繰り返しにはこちらを使います。

while文の書き方

for文には初期化式と事後処理が必要でしたが、**while文**という構文を
使えば、処理を行う条件だけを指定して繰り返し処理が実行できます。
while文は、キーワードwhileのあとに条件となる式を書く、if文に近
い形式で書きます。

キーワードwhile　式

```
while␣(password !== '川')␣{
␣␣実行する処理
}
```

以下のプログラムは、while文を使って、合い言葉「川」が入力される
までprompt関数で入力を求め続けるプログラムです。2行目にキーワー
ドwhileと繰り返しを続ける条件が書かれ、条件を満たしている限りその
下のブロック内の処理を繰り返します。

while文で記述する処理はfor文を使っても書けるが、while文に適した処理ならfor文を使うより簡潔に書ける

📥 参考URL

while
https://developer.mozilla.
org/ja/docs/Web/
JavaScript/Reference/
Statements/while

> c5_2_1.js

```
001  let password = '';
002  while (password !== '川') {
003    password = prompt('山?: ');
004  }
005  console.log('入れ');
```

実行結果

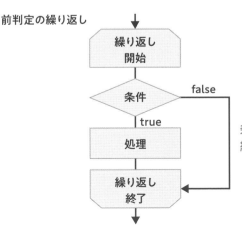

```
山?:
海

山?:
森

山?:
川

No Issues
入れ                                    c5_2_1.js:5
>
```

POINT

文字列'川'が入力されたら
繰り返しを終了したいの
で、「入力された文字列が
'川'ではない」という条件
にしています。

実行するとprompt関数によって文字列の入力を求められ、'川'が入力されるまで何度でも3行目の処理が繰り返されます。'川'が入力されてwhile文の繰り返しを抜けると、インデントされていない5行目の処理が実行され、文字列'入れ'が表示されます。

後判定のdo...while文

while文は、指定された条件が当てはまる限り繰り返し処理を行いますが、逆に最初から条件が当てはまらない場合は、一度も処理を行いません。

これは、while文が指定された条件が満たされているかを判定してから、ブロック内の繰り返し処理を実行するためで、このように「条件を判定してから繰り返しの処理を行う」という繰り返しの方法を**前判定**といいます。前判定の繰り返しでは、条件の判定→処理→条件の判定→処理→……という形で繰り返しが行われます。

前判定の繰り返しをフローチャートに表すと、以下のようになります。

前判定の繰り返し

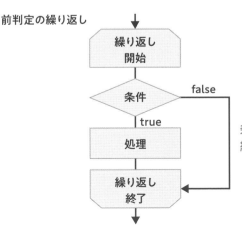

```
繰り返し
開始
    ↓
  条件  ── false ──┐
    ↓ true         │
  処理              │
    ↓              │
繰り返し  ←─────────┘
終了
```

条件で判定してから、
繰り返しの処理を行う

最初に必ず条件の判定
を行うので、前判定の
繰り返しでは一度も処
理を行わないという
ケースもある

📥 参考URL

do...while
https://developer.mozilla.
org/ja/docs/Web/
JavaScript/Reference/
Statements/do...while

これに対し、「繰り返しの処理を行ってから条件を判定する」という繰り返しの方法を、**後判定**といいます。後判定の繰り返しでは、処理→条件の判定→処理→条件の判定→……という形で繰り返しが行われるため、**最初から条件が成立していない場合でも、必ず1回は繰り返しの処理が実行されることになります。**

　JavaScriptには、後判定の繰り返しを行うための**do…while文**という構文があります。do…while文は、キーワードdoのあとに繰り返し処理のブロックを書き、その下にキーワードwhileと条件を記述します。

キーワードdo

```
do␣{
␣␣実行する処理
}
while（条件）
```

キーワードwhile

　do…while文を使うと、次のプログラムのように条件が最初から成立していない場合でも、1回は処理が実行されます。

> **c5_2_2.js**

```
001  do {
002      console.log('せめて一度だけでも');
003  }
004  while (false)
```

> **実行結果**

```
せめて一度だけでも
```

　後判定の繰り返しをフローチャートに表すと、次のようになります。

前判定、後判定のどちらを使うか迷ったときは、条件を判定してから処理を行う前判定を使っておいたほうが意図しない処理を行ってしまう危険は少なくなるよ

後判定の繰り返し

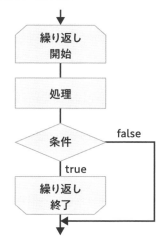

繰り返しの処理を行ってから、
条件で判定する

無限ループを書いてしまった場合

while文は条件式がtrueである限り処理を繰り返し続けるので、条件式の書き方を誤ると、いつまでも同じ処理を行い続ける**無限ループ**を発生させてしまうことがあります。

以下のプログラムでは、変数tsumamiが空文字列でない限りは処理を繰り返し続けるので、無限ループが発生してしまいます。

現実の世界ではいずれsakeかshiokaraのどちらかがなくなってしまうが……

> **c5_2_3.js**

```
001  let tsumami = 'shiokara';
002  while (tsumami !== '') { … この条件がfalseになることはない
003      console.log('sake');
004      console.log(tsumami);
005  }
```

● 実行結果

```
sake
shiokara
sake
shiokara
sake
shiokara
sake
shiokara
……
…
```

POINT

無限ループが発生するとブラウザの動作が不安定になってしまうので、ブラウザのタブを閉じてプログラムを停止させましょう。

達成目標 **60** 秒

どの構文を使うのが最適かを選べ

問題文に書かれたような処理を行いたい場合、
どの構文を使うのが最適か選択してください。

処理：手裏剣を3回投げる

① **for文による繰り返し**

② for-of文による繰り返し

③ while文による繰り返し

処理：孔明を3回訪ねる

① for文による繰り返し

② for-of文による繰り返し

③ while文による繰り返し

処理：孔明が「はい」と言うまで訪ねる

① for文による繰り返し

② for-of文による繰り返し

③ while文による繰り返し

処理：孔明がいる可能性のある場所を1つずつ順番に訪ねる

① for文による繰り返し

② for-of文による繰り返し

③ while文による繰り返し

5章 ▼ 処理を繰り返す

⧖ 達成目標　60 秒

出力結果を書け⑥

プログラムを見て、表示される出力結果を書き込んでください。

```
let inPocket = 3500;
while (300 <= inPocket) {
  console.log(inPocket);
  inPocket -= 1000;
}
3500
2500
1500
500
```

5
章
▼
処
理
を
繰
り
返
す

```
1  let total = 13;
   while (total <= 21) {
     console.log(total);
     total += 3;
   }
```

```
2  let number = 2;
   do {
     console.log(number);
     number *= 2;
   }
   while (number <= 50)
```

About break

break文で繰り返しを抜け出す

　繰り返し処理の途中で繰り返しから即座に抜け出したい場合、switch文でも登場したbreak文を使用します。break文を使うと、繰り返しの条件や繰り返し処理の対象が残っているかどうかに関わらず、その時点で繰り返しが終了します。

　ユーザーが数値を入力するたびに、その数値を二乗した値を表示するプログラムを書いてみましょう。あえて無限ループを作っていますが、qを入力することでbreak文が実行され、ループを抜け出します。

> **c5_3_1.js**

```
001  while (true) { ………この条件は常に成り立つ
002    let value = prompt('数値の二乗を表示します(qで終了)');
003    if (value === 'q') {
004      break;
005    }
006    let number = parseInt(value);
007    console.log(number ** 2);
008  }
009  console.log('処理終了');
```

> **実行結果**

　qを入力するまで入力を求められ、qを入力してbreak文が続行されるとそれまでの実行結果がまとめて表示されます。

6章

6章

関数を作る

関数を作る方法を知っていれば、自分で書いた一連の複雑な処理をいつでも呼び出せるようになります。重複が少なく、理解しやすいプログラムを書くために必須の知識です。

関数の定義

関数は自分で作ることもできます。一連のまとまった処理を関数として定義して
おくことで、一度書いた処理を再利用することができます。

アロー関数式で関数を定義する

これまでJavaScriptにはじめから定義されている**組み込み関数**をプログ
ラムの中で呼び出してきましたが、関数は自分で定義することもできま
す。

関数を定義する方法はいくつかありますが、現在の主流になりつつある
アロー関数式の書き方を見てみましょう。下の図で、青く塗られている部
分がアロー関数式です。

アロー関数式では、最初に関数が受け取る**引数**をカッコに囲んで書き、
2つの記号を組み合わせた**アロー**「=>」のあと、関数で行う処理を記述し
ます。上の図のように、**アロー関数式を代入文の右辺に書くことで、一連
の処理を行う関数を変数に代入することができます**。これ以降の行では、
宣言した変数名のあとにカッコを付けて「変数名（引数）」と書くことでこ
の関数を呼び出すことができます。

関数を定義することのメリットは、**一度書いた処理を再利用できること**
です。効率的でわかりやすいプログラムを書くには、関数を使って処理を
再利用することが欠かせません。

一度書いた処理を再利用したい場面として、ここでは**製造業者に発注の
内容を送るプログラム**を考えてみます。

まずはアロー関数式で関数を定義して、それを呼び出すプログラムを書
いてみましょう。アロー関数式で引数を受け取らない関数を作る場合は、
アローの前のカッコ内に何も書きません。

注意

アローを書くときは、必ず「=」
と「>」との間にスペースを空け
ずに書きます。

参考URL

アロー関数式
https://developer.mozilla.
org/ja/docs/Web/
JavaScript/Reference/
Functions/Arrow_
functions

POINT

「関数を変数に代入する」
という表現がわかりにくい
かもしれませんが、こんな
ことができるのは実は関数
もオブジェクトの一種だか
らです。P.138で詳しく説
明します。

6
章
▼
関数を作る

> **c6_1_1.js**

```
001   let manufOrder = () => {
002     console.log(`忍者です。
003   本日、手裏剣3個の製造をお願いします。`);
004   }
005
006
007   manufOrder();  ……… manufOrder関数を呼び出す
```

POINT

関数は定義しただけでは何も起こりません。呼び出されてはじめて中に書かれた処理を実行します。

実行結果

```
忍者です。
本日、手裏剣3個の製造をお願いします。
```

　1〜4行目で関数を定義し、その関数を変数manufOrderに入れています。7行目の「manufOrder()」で、定義したmanufOrder関数を呼び出しています。

引数を受け取る

　先ほどのプログラムのように決まった文字列を出力するだけの処理であれば、関数を定義する意味があまり感じられないかもしれません。次は、関数に渡す引数を変えると処理の結果が異なるようにプログラムを書き換えてみましょう。

　アローの前のカッコの中に引数を書くと、呼び出し元から引数を受け取ります。名前の文字列を引数として受け取って、文面の中で受け取った文字列を表示するようプログラムを書き換えましょう。

POINT

アロー関数式では、引数が1つだけの場合は()（カッコ）を省略することができます。

> **c6_1_2.js**

```
001   let manufOrder = (name) => {
002     console.log(`${name}様
003   忍者です。
004   本日、手裏剣3個の製造をお願いします。`);
005   }
006
007
008   manufOrder('服部');  ……… 引数'服部'を渡して関数を呼び出す
009   manufOrder('河村');  ……… 引数'河村'を渡して関数を呼び出す
```

実行結果

服部様
忍者です。
本日、手裏剣3個の製造をお願いします。
河村様
忍者です
本日、手裏剣3個の製造をお願いします。

POINT

``で囲むテンプレートリテラルと、${}で囲むプレースホルダについてはP.99を参照してください。

　名前の部分だけが変わった文字列が、関数を呼び出した回数だけ表示されました。

仮引数と実引数

　関数を定義するときに関数名の後ろにカッコで囲んで書かれる引数を仮引数、関数を呼び出すときに実際に渡される値を実引数と呼んで区別することがあります。先ほどのプログラムの8行目でmanufOrder関数を呼び出す際の処理の流れを細かく見ると、以下のようになります。

実引数'服部'

```
manufOrder('服部');
```

仮引数name

```
let manufOrder = (name) => {
    console.log(`${name}様
                        ‖
                     '服部'
```

　この本では、仮引数と実引数の違いに特に注目する必要がない場合は、どちらも単に「引数」と記載します。

　引数を2つ以上受け取ることもできます。manufOrder関数に、2つ目の引数として発注内容の文字列を渡すように書き換えましょう。

c6_1_3.js

```
001  let manufOrder = (name, order) => {
002    console.log(`${name}様
003  忍者です。
004  本日、${order}の製造をお願いします。`);
005  }
006
007
008  manufOrder('服部', '手裏剣3個'); ………引数を追加
009  manufOrder('河村', 'まきびし4個'); ……引数を追加
```

引数の数はいくらでも増やしていくことができる

6章 ▼ 関数を作る

▶ 実行結果

服部様
忍者です。
本日、手裏剣3個の製造をお願いします。
河村様
忍者です。
本日、まきびし4個の製造をお願いします。

戻り値を返す

　自分で定義する関数でも、呼び出し元に戻り値を返すことができます。戻り値を返すには関数の中で**return文**を書き、戻り値として返したい値や式を書きます。

　先ほどのプログラムの上部に、引数として受け取った数値を使って発注内容の文字列を返す関数を書き足します。

▶ c6_1_4.js

```
001  let getOrder = (shurikenNum, makibishiNum) => {
002    let orderText = '';
003    if (shurikenNum > 0) {
004      orderText += `手裏剣${shurikenNum}個`;
005    }
006    if (makibishiNum > 0) {
007      orderText += `まきびし${makibishiNum}個`;
008    }
009    return orderText;
010  }
011  ……後略……
```

POINT

getOrder関数は、はじめに
変数orderTextに空文字列を
代入し、仮引数shurikenNum
とmakibishiNumが0より大
きいときにorderTextに文字
列を書き足しています。

　return文が実行されると、returnの直後に書かれた値や式を戻り値として、呼び出された関数から抜け出します。
　関数から戻り値を返すようにしておくと、複数の関数を組み合わせて使うときに便利です。 manufOrder関数とgetOrder関数を組み合わせて使うよう、manufOrder関数の呼び出し部分を書き換えてみましょう。

▶ c6_1_4.js

```
001  let getOrder = (shurikenNum, makibishiNum) => {
002    orderText = '';
003    if (shurikenNum > 0) {
004      orderText += `手裏剣${shurikenNum}個`;
```

```
005      }
006      if (makibishiNum > 0) {
007        orderText += `まきびし${makibishiNum}個`;
008      }
009      return orderText;
010    }
011
012    let manufOrder = (name, order) => {
013      console.log(`${name}様
014    忍者です。
015    本日、${order}の製造をお願いします。`);
016    }
017
018
019    manufOrder('服部', getOrder(3, 0));  ················ 引数を変更
020    manufOrder('河村', getOrder(1, 4));  ················ 引数を変更
```

◉ 実行結果

```
服部様
忍者です。
本日、手裏剣3個の製造をお願いします。
河村様
忍者です。
本日、手裏剣1個まきびし4個の製造をお願いします。
```

このプログラムで出力したものくらいの長さの文字列なら関数化しなく
ても簡単に書けるかもしれませんが、割り当てるべき仕事が何十通りも
あって、指示を受ける人が何十人もいれば、関数化しておいたほうがずっ
と効率的です。

プログラムの中で、似
たような処理を行って
いる部分は関数化でき
ないか考える習慣を付
けよう

function記法で関数を定義する

関数を定義するには、アロー関数式以外にも**function記法**を使う方法もあります。function記法には関数の定義だけで1つの文を終える**関数宣言**（本書では**function文**と呼びます）と、アロー関数式のように関数を変数に代入する**関数式**（本書では**function式**と呼びます）の2種類があり、それぞれ書式は以下の通りです。

関数を定義する方法は、function文、function式、そしてアロー関数式の3種類だ

function文

キーワードfunction

```
function␣関数名(引数)␣{
␣␣関数で行う処理
}
```

function式　　キーワードfunction

```
let 変数名 = function(引数)␣{
␣␣関数で行う処理
};
```

この部分がfunction式

アロー関数式を使ってmanufOrder関数を定義した6_1_1.jsをfunction文、function式を使って書き換えると、それぞれ以下のようになります。

```
············function文
function manufOrder() {
  console.log(`忍者です。
本日、手裏剣3個の製造をお願いします。`);
}
```

```
············function式
let manufOrder = function() {
  console.log(`忍者です。
本日、手裏剣3個の製造をお願いします。`);
}
```

POINT

function文では関数の名前を省略できないので、このあとに説明する名前のない関数を作成することができません。

達成目標 150 秒

行の処理順を書け

プログラムを見て、行が処理される順番を書き込んでください
（厳密にはアロー関数式またはfunction文による関数名の登録が先に行われますが、
この問題では①のところから開始とみなしてください）。

6章 ▼ 関数を作る

```
    let shiftOrder = (name) => {
④②     console.log(`${name}様`);
    }


①    shiftOrder('服部');
③    shiftOrder('河村');
```

```
    let exclaim = (word) => {
      console.log(`${word}!`);
    }

①exclaim('にんにん');
```

1

```
    let addTax = (amount, taxRate) => {
      return amount * (1.0 + (taxRate / 100));
    }

①let price = 1100;
    console.log(`税込価格${addTax(price, 10)}円`);
```

2

```
   let introduceSelf = (born, grown) => {
     console.log(`${born}生まれ ${grown}育ち`);
   }
```

① ```
introduceSelf('東京', 'HIP HOP');
introduceSelf('大阪', 'J-POP');
```

```
   let callName = (patient) => {
     return `${patient}様　診察室へお入りください。`;
   }
```

① ```
let patients = ['磯野', '波野'];
for (patient of patients) {
  console.log(callName(patient))
}
```

```
   let calculateTriangle = (base, height) => {
     return base * height /2;
   }

   let outputTriangle = (base, height) => {
     let area = calculateTriangle(base, height);
     console.log(`底辺${base}cm、高さ${height}cmの三角形は
${area}cm²`);
   }
```

① ```
outputTriangle(5, 10);
```
```

JavaScriptには、関数に引数を渡すとき、関数が引数を受け取るときに、柔軟に引数を扱うためのさまざまな方法が用意されています。

仮引数のデフォルト値

JavaScript では、関数を呼び出すとき、**実引数と仮引数の数が一致していなくてもエラーにはなりません。**

仮引数を4つ受け取るwokashi関数に3つの実引数を渡すプログラムを書いて実行してみましょう。

> **c6_2_1.js**

```
001   let wokashi = (spring, summer, fall, winter) => {
002       console.log(`春は${spring} 夏は${summer}
003   秋は${fall} 冬は${winter}`);
004   }
005
006
007   wokashi('あけぼの', '夜', '夕暮れ');
```

> **実行結果**

```
春はあけぼの 夏は夜
秋は夕暮れ 冬はundefined
```

値を指定されなかった引数winterの値は**undefined**になっています。このような事態を避けるには、仮引数のデフォルト値を指定します。デフォルト値は、**実引数が渡されなかった場合の仮引数の値**を代入式のような形で指定できる仕組みです。

> **c6_2_2.js**

```
001   let wokashi = (spring, summer, fall, winter='つとめて
      ') => {
002       console.log(`春は${spring} 夏は${summer}
003   秋は${fall} 冬は${winter}`);
```

エラーが出ないとはいえ、特別な意図がない限り実引数と仮引数の数が一致していないのは不具合のもとだ

参考URL

デフォルト引数
https://developer.mozilla.org/ja/docs/Web/JavaScript/Reference/Functions/Default_parameters

逆に、仮引数より実引数のほうが多い場合は、余分な実引数は無視されるよ

004	}
005	……後略……

実行結果

> ● **実行結果**

春はあけぼの　夏は夜
秋は夕暮れ　冬はつとめて

余った引数を配列にまとめる残余引数

　console.logメソッドは、引数の数を自由に変えることができました。今回はそれを自作の関数で実現してみましょう。

　関数を定義するとき、**最後の引数の前に...を付ける**と、0個以上の引数が配列にまとめられてその仮引数に渡されます。これを**残余引数**といいます。

　以下のプログラムでintroduceFriends関数を呼び出す際に、**引数として書いたすべての値が配列にまとめられ**、仮引数friendsに渡されます。

> ▶ **c6_2_3.js**

```js
001  let introduceFriends = (...friends) => {
002    for (friend of friends) {
003      console.log(`${friend}は桃太郎の友達。`);
004    }
005  }
006
007
008  introduceFriends();
009  introduceFriends('犬');
010  introduceFriends('犬', '猿', 'キジ');
```

> ● **実行結果**

犬は桃太郎の友達。
犬は桃太郎の友達。
猿は桃太郎の友達。
キジは桃太郎の友達。

　1回目の呼び出しではfriendsには0個、2回目は1つ、3回目は3つの値が設定されていますが、いずれの場合も値が配列にまとめられ、渡された引数の数だけfor-of文内の処理が実行されています。

普通の引数と残余引数を一緒に使うこともできるよ

参考URL

残余引数
https://developer.mozilla.
org/ja/docs/Web/
JavaScript/Reference/
Functions/rest_
parameters

注意

残余引数は必ず引数リストの最後に書かないといけません。

関数を引数として渡す

ここまで名前が付いた関数を定義する方法を見てきましたが、実はJavaScript では関数に名前を付けないまま使うケースが少なくありません。

関数に名前を付けない

アロー関数式やfunction式で関数を定義するとき、代入文の右辺にアロー関数式を書くことで関数を変数に入れていました。こんなことができるのは、これらが**関数というオブジェクト**を返す式で、**関数というオブジェクトは他の値と同じように変数に格納したり、引数として関数に渡したりできるからです。**

アロー関数式での関数定義の流れを簡単に整理すると以下のようになります。

関数もオブジェクトの一種……となるといよいよオブジェクトについて詳しく知りたくなると思うが、7章まで待ってほしい

```
let␣変数名␣=␣(引数)␣=>␣{
␣␣関数で行う処理
}
```

①アロー関数式が関数オブジェクトを返す
②返ってきた関数オブジェクトが変数に格納される

JavaScriptの関数やメソッドの中には、**関数を引数として受け取る**ものがあります。

4章で配列のメソッドを紹介しましたが、関数を受け取るメソッドの例として配列の**filterメソッド**を紹介します。filterメソッドは**真偽値を返す関数を引数として受け取るメソッド**で、関数の実行結果がtrueになる要素だけを新しい配列にして返します。

文字列の配列から、filterメソッドを使って6文字より長いものだけを抽出するプログラムを書いて実行してみましょう。

参考URL

Array.prototype.filter()
https://developer.mozilla.
org/ja/docs/Web/
JavaScript/Reference/
Global_Objects/Array/
filter

> **c6_3_1.js**

```
001  let words = ['beautiful', 'big', 'strong'];
002  let result = words.filter((word) => word.length > 6);
003
```

ここが関数

```
004   console.log(result);
```

```
['beautiful']
```

filterメソッドは、配列wordsのすべての要素に対して、引数として受け取った関数を実行し、結果がtrueだったものを新しい配列にして返します。このプログラムでは、文字列'beautiful'だけが条件を満たすため、新しい配列resultは文字列'beautiful'だけを要素として持っています。

beautiful
```
(word) => word.length > 6      結果はtrue
```

big
```
(word) => word.length > 6      結果はfalse
```

strong
```
(word) => word.length > 6      結果はfalse
```

関数を引数として受け取るメソッドとしてもう1つ、配列の**mapメソッド**を紹介します。mapメソッドは、もとの配列の要素に対して、受け取った関数を実行し、その結果を新しい配列として返します。

数値の配列から、それぞれの要素を2乗した配列を作るプログラムを書いて実行してみましょう。

▶ **c6_3_2.js**

```
001   let numbers = [1, 2, 3, 4, 5];
002   let squared = numbers.map(number => number ** 2);
003
004   console.log(squared);
```

▶ 実行結果

```
(5) [1, 4, 9, 16, 25]
```

POINT

配列のfindメソッドはfilterメソッドに似たメソッドで、引数として受け取った関数の実行結果がtrueになる最初の要素のインデックスを返します。

アロー関数式では、このように引数が1つだけの場合は()(カッコ)を省略することができる

6章 ▼ 関数を作る

mapメソッドは、配列numbersのすべての要素に対して、引数として
受け取った関数を実行して、その結果を新しい配列squaredに格納して
います。

```
  1
 ─┬─
number => number ** 2     結果は1
```

```
  2
 ─┬─
number => number ** 2     結果は4
```

```
  3
 ─┬─
number => number ** 2     結果は9
```

<table>
<tr><td>

名前を付けた関数を引数として渡す

関数名を付けた関数を、mapメソッドなどの引数として渡すこともできます。関数をオブジェクトとして引数に渡すときは、あとに()（カッコ）を付けず関数名だけを書きます。

> **c6_3_3.js**

```
001  let square = (number) => {
002    return number ** 2;
003  }
004
005
006  let numbers = [1, 2, 3, 4, 5];
007  let squared = numbers.map(square);
008
009  console.log(squared);
```

> **実行結果**

(5)[1, 4, 9, 16, 25]

ただし、このsquare関数を他の部分で使わないのであれば、一度だけしか使わない関数に名前を付けてしまったことになり、関数名の管理が煩雑になってしまいます。無名関数は、このように一度だけしか使わない関数に名前を付けずに実行できるという点で、プログラム全体を簡潔に保つのに役立ちます。

</td></tr>
</table>

⧖ 達成目標 100 秒

出力結果を書け⑦

プログラムを見て、表示される出力結果を書き込んでください。

```
let wokashi = (spring, summer, fall, winter) => {
  console.log(`春は${spring} 夏は${summer}
秋は${fall} 冬は${winter}`);
}


wokashi('あけぼの', '夜', '夕暮れ', 'つとめて')
春はあけぼの 夏は夜
秋は夕暮れ 冬はつとめて
```

6章 ▼ 関数を作る

```
let wagahai = (species = '猫') => {
  console.log(`吾輩は${species}である`);
}


wagahai('犬');
```

1

```
let getAverage = (...numbers) => {
  let sum = 0;
  for (n of numbers) {
    sum += n;
  }
  return sum / numbers.length;
}


console.log(getAverage(10, 15, 20));
```

2

```
let filterNames = (...names) => {
  let result = names.filter(name => name.includes('家'));
  console.log(`家が付くのは${result.length}人`);
}


filterNames('家康', '秀忠', '家光', '家綱', '綱吉');
```

3

7章

オブジェクトを
さらに理解する

JavaScript のオブジェクトは非常に柔軟ですが、柔軟す
ぎて全体像を把握しにくい面もあります。ここではオブ
ジェクトや標準組み込みオブジェクトを対象に、オブ
ジェクトの扱い方を説明します。

SECTION 01 JavaScriptの オブジェクト

JavaScriptを使うにあたって、オブジェクトを避けては通れません。ここでは
JavaScriptのオブジェクトの特徴を説明します。

オブジェクトはプロパティの集まり

　JavaScriptでは、「**オブジェクト**」という**部品**を組み合わせてプログラムを作ります。例えばアプリの画面であれば、ウィンドウ、ボタン、テキストボックスといったオブジェクトの集まりとして作ります。Webページであれば、Document（HTML文書）やElement（HTML要素）などをオブジェクトとして扱います。

　オブジェクトを利用する点は、現在の多くのプログラミング言語と同じなのですが、JavaScriptのオブジェクトの特徴は**構造が非常に柔軟**なことです。JavaScriptのオブジェクトは、**プロパティ**という変数のようなものの集まりで、必要なときに好きなだけプロパティを追加できます。例えば人名を記録するオブジェクトを作りたい場合は、firstname、lastnameなどのプロパティを、必要なタイミングで追加します。

> オブジェクトは、「変数と関数をまとめて1つの部品にしたもの」ともいえる

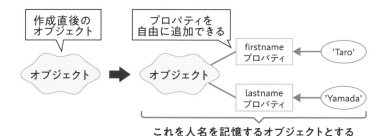

これを人名を記憶するオブジェクトとする

　また、プロパティに関数オブジェクトを入れると**メソッド**になります。使い方は関数とほとんど同じですが、オブジェクトと一体化しているので、そのオブジェクトに関連する処理を行わせやすくなっています。

POINT

JavaScriptだけを見ていると特に柔軟と感じないかもしれませんが、他のプログラミング言語ではオブジェクトの構造をあとから変えられないものも少なくありません。

POINT

関数オブジェクトとは、アロー関数式やfunction式が返すオブジェクトのことです。

7章 オブジェクトをさらに理解する

144

JavaScriptでオブジェクトを定義する方法

　JavaScriptでは、**オブジェクトの作り方（定義方法）が数種類**あり、どれも同程度に使われています。一番簡単な方法がオブジェクトリテラル（P.106参照）で、その他に関数を使う方法や、ES2015以降で追加されたclassキーワードを使う方法があります。単にデータをまとめたいだけならオブジェクトリテラルを使い、同じ種類のオブジェクトを量産する必要があるときは関数やclassを使います。

オブジェクトリテラル

```
変数 = {
  x: 0,
  y: 0
}
```

どれを使っても
オブジェクトを
作成できる

関数ベース

```
function Point(x, y){
  this.x = x;
  this.y = y;
}

変数 = new Point(0, 0);
```

classキーワード

```
class Point {
  constructor(x, y) {
    this.x = x;
    this.y = y;
  }
}

変数 = new Point(0, 0);
```

注意

classキーワードは他のプログラミング言語でもよく使われる馴染み深いものです。ただし、JavaScriptはクラスベース言語ではないため（P.160参照）、クラスベース言語の常識が通じないことがよくあります。

参考URL

オブジェクトモデルの詳細（MDN Web Docs）
https://developer.mozilla.org/ja/docs/Web/JavaScript/Guide/Details_of_the_Object_Model

　関数ベースやclassキーワードで定義したオブジェクトを利用するときは、**new演算子とコンストラクタ関数**というものを組み合わせて使います。constructorは建設者という意味ですが、要はオブジェクトの定義をもとに新しい実体を作るものということです（詳しくは次節参照）。

　JavaScriptのオブジェクト定義は少々ややこしく、入門〜中級のレベルで使うことはほとんどありません。そこで本書では、使用頻度が高い**オブジェクトリテラル**や、JavaScriptに最初から用意されている**標準組み込みオブジェクト**の使い方を中心に解説します。

TypeScript

　JavaScriptのオブジェクトには、種類が区別しにくいという弱点があります。2章でプリミティブ型（P.48参照）について説明しましたが、JavaScriptのオブジェクトはすべてObject型の一種とされています。そして、オブジェクトの種類を簡単に判定する方法が決まっていません。

　大規模なプログラム開発では型のあいまいさが大きな問題を引き起こすことがあるため、JavaScriptの代わりに型（オブジェクトの種類）を明確に判定できるTypeScriptなどの言語も使われています。これらの言語はAltJS（代替JavaScript）と呼ばれ、最終的にJavaScriptにコンパイル（変換）されてから実行されます。つまり、わざわざコンパイルの手間がかかるのですが、それでもJavaScriptに確実な型を導入したいという需要があるのです。

- **TypeScript公式ページ**
  https://www.typescriptlang.org/

標準組み込み
オブジェクトを利用する

**JavaScriptには標準組み込みオブジェクトが付属しています。ここではDateオ
ブジェクトをもとに、基本的な使い方などを説明します。**

標準組み込みオブジェクトとは

　JavaScriptに最初から用意されているオブジェクトのことを、**標準組み**
込みオブジェクトと呼びます（グローバルオブジェクトとも呼ばれます）。
4章で紹介した配列（Arrayオブジェクト）や文字列（Stringオブジェクト）
は標準組み込みオブジェクトです。

参考URL

標準組み込みオブジェクト
https://developer.mozilla.
org/ja/docs/Web/
JavaScript/Reference/
Global_Objects

❯ 主な標準組み込みオブジェクト

カテゴリ	標準組み込みオブジェクト
特殊な値	Infinity、NaN、undefined、globalThis
グローバル関数	isNaN、parseFloat、parseInt、encodeURI、decodeURIなど
基本オブジェクト	Object、Function、Boolean、Symbol
エラーオブジェクト	Error、RangeError、ReferenceError、SyntaxError、TypeErrorなど
数値と日付	Number（数値）、BigInt、Math、Date（日付）
テキスト処理	String（文字列）、RegExp（正規表現）
索引付きコレクション	Array（配列）など
キー付きコレクション	Map、Setなど
構造化データ	JSONなど
制御抽象化オブジェクト	Promiseなど

　Webブラウザ内で動くJavaScriptは、WebブラウザやHTMLを操作す
るためのオブジェクトを利用できますが、それらは**DOM API**と呼ばれ、
標準組み込みオブジェクトとは別ものです。DOM APIについては8章で
あらためて解説します。

注意

DOM APIはWebブラウザに所
属するものなので、Node.jsに
はありません。どの環境でも共
通して利用できるのは標準組み
込みオブジェクトのみです。

new演算子とコンストラクタでオブジェクトを作る

オブジェクトを利用するには、まずオブジェクトを作成する必要があります。ここでいう「作成」とは、新しいオブジェクトの種類を作る（定義する）ことではなく、定義済みのオブジェクトの**新しい実体**を作ることです。例えば、昨日、今日、明日の3日間の日付を記録したい場合は、Dateオブジェクトを3つ作る必要があります。

オブジェクトを作るには、**new演算子**と**コンストラクタ関数**を使います。コンストラクタ関数は、オブジェクト名と同名で、Dateオブジェクトを作りたければ「new Date()」のように書きます。

作成したオブジェクトの実体のことを「インスタンス」とも呼ぶ

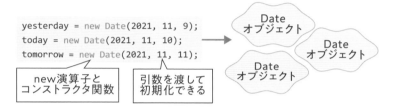

```
yesterday = new Date(2021, 11, 9);
today = new Date(2021, 11, 10);
tomorrow = new Date(2021, 11, 11);
```
new演算子とコンストラクタ関数 / 引数を渡して初期化できる / Dateオブジェクト

なお、文字列（String）、配列（Array）、正規表現（RegExp）の3種類のオブジェクトは非常によく使うため、'文字列'、［配列］、/正規表現/といった記法で作成できるようになっています（4章参照）。

実際にオブジェクトを作成してみましょう。上で例に出した**Dateオブジェクト**を利用します。Dateオブジェクトは作成時に年月日時分の数値や、日付を表す文字列を渡して初期化できます。注意が必要なのは、**月数のみ0から始まるルール**という点です。1月は0、12月は11になります。

注意

文字列や配列はnew演算子でも作成できますが、'文字列'や［配列］を使ったほうがパフォーマンスが上がります。よく使う記法が高速化されるように、JavaScriptエンジンがセッティングされているのです。

> **c7_2_1.js**

```
001  let yesterday = new Date(2021, 11, 9);
002  let today = new Date(2021, 11, 10);
003  let tomorrow = new Date(2021, 11, 11);
004
005  console.log(yesterday);
006  console.log(today);
007  console.log(tomorrow);
```

実行結果

```
Thu Dec 09 2021 00:00:00 GMT+0900 (日本標準時)
Fri Dec 10 2021 00:00:00 GMT+0900 (日本標準時)
Sat Dec 11 2021 00:00:00 GMT+0900 (日本標準時)
```

注意

日付時刻を「2021/12/17 3:24:00」のような文字列で指定することもできます。ただし、日付文字列による指定はWebブラウザによって解釈が異なる場合があるため、非推奨とされています。

POINT

時刻は指定していないため、「00:00:00」となっています。

7章 ▼ オブジェクトをさらに理解する

console.logメソッドでオブジェクトが記憶している日付時刻を表示しています。コンストラクタで月数に11を指定したので、Dec（December = 12月）となります。

Dateオブジェクトについて詳しく知る

日付時刻のデータは、年月日時分秒などの単位に分かれている上に、60進法や24進法などが入り交じっていて、時差もあるという複雑なものです。そこでDateオブジェクトは、**UTC（協定世界時）で1970年1月1日からの経過ミリ秒数**として日付時刻を保持します。ミリ秒数とは1,000分の1秒のことで、60秒は60,000ミリ秒、60分は3,600,000ミリ秒となります。UTCで1970年1月2日は、内部的には24時間を表す86,400,000ミリ秒と記録されることになります。これなら日付時刻の単位を統一的に扱えるというわけです。

標準組み込みオブジェクトの使い方をドキュメントで調べる方法については、10章で解説するぞ

1つ注意が必要なのは、Dateオブジェクトは、**プログラムを実行した地域のローカル時刻**をもとに作成されるという点です。日本標準時はUTCから9時間進んでいるので、日本で「1970年1月1日0時0分0秒」を指定してDateオブジェクトを作成すると、内部的に記録されるミリ秒は-32,400,000ミリ秒になります。時数に直すと-9時間です。

注意

Webサーバが国外にあったらどうなるんだろうと悩んでしまう人もいるかもしれませんが、JavaScriptのプログラムは「ユーザーのパソコン内」で実行されることを思い出してください。

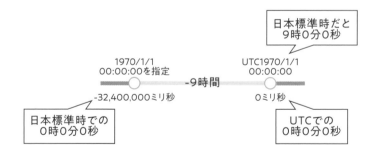

実際のプログラムで試してみましょう。内部のミリ秒は、getTimeメソッドとsetTimeメソッドで取得または設定できます。そこで、一方のDateオブジェクトは作成したあとで内部的なミリ秒を0に設定してみます。

> **c7_2_2.js**

```
001  let day1 = new Date(1970, 0, 1, 0, 0, 0);
002  let day2 = new Date();  ……… 引数なしでオブジェクトを作成
003  day2.setTime(0);  ……………… 内部のミリ秒を0に設定
004
005  console.log(day1);
006  console.log(day1.getTime());  ……… 内部のミリ秒を表示
007  console.log(day2);
008  console.log(day2.getTime());  ……… 内部のミリ秒を表示
```

1月を指定したいときは第2引数を0にする。これハマりやすいポイントだぞ

◉ **実行結果**

```
Thu Jan 01 1970 00:00:00 GMT+0900 （日本標準時)
-32400000
Thu Jan 01 1970 09:00:00 GMT+0900 （日本標準時)
0
```

　変数day1のほうは、日本標準時で1970年1月1日0時0分0秒を指定しており、内部的なミリ秒は-32,400,000（-9時間）です。一方、変数day2のほうは内部的なミリ秒に0を設定したため、日本標準時は1970年1月1日9時0分0秒となっています。親切ともいえる仕様ですが、勘違いしてハマらないように注意しましょう。

　ミリ秒単位だとわかりにくい場合は、1000と60と60で割れば時間単位に変換できます。

POINT

Dateコンストラクタの引数を省略した場合、その時点の時刻が設定されます。

> **c7_2_2.js**

```
     ……前略……
006  console.log(day1.getTime() / 1000 / 60 / 60);
007  console.log(day2);
008  console.log(day2.getTime() / 1000 / 60 / 60);
```

◉ **実行結果**

```
Thu Jan 01 1970 00:00:00 GMT+0900 （日本標準時)
-9
Thu Jan 01 1970 09:00:00 GMT+0900 （日本標準時)
0
```

POINT

JavaScriptで日付時刻の計算をしたい場合は、いったんミリ秒に変換してから足し算や引き算を行います。そのため、setTime、getTimeメソッドはかなりよく使います。

コンソールを使ってオブジェクトを観察する

Chromeのコンソールを使って、オブジェクトを観察してみましょう。まず、コンソールの「>」の右に、new演算子などを除いた「Date」のみを入力してみると、次のように表示されます。斜体のfは関数オブジェクトを表しており、「Date」にはコンストラクタ関数が入っていることがわかります。

次に「Date()」と入力してみます。日付が表示されているので、新しいDateオブジェクトが返されたように見えますが、よく見るとダブルクォートで囲まれています。つまり、返されているのは**文字列**であって、Dateオブジェクトではありません。

注意

Dateコンストラクタはnew演算子を付けないときに文字列を返しますが、他のオブジェクトもそうだとは限りません。基本的にnew演算子は必要だと考えてください。

最後にnew演算子付きで入力すると、これでようやく新しいDateオブジェクトが返されます。先ほどと同じく日付が表示されただけに見えますが、ダブルクォートが付いていません。

```
> Date
< ƒ Date() { [native code] }
> Date()
< "Thu Sep 09 2021 20:03:09 GMT+0900 (日本標準時)"
> new Date()    ●───────────────  3  「new Date()」と入力して
< Thu Sep 09 2021 20:03:18 GMT+0900 (日本標準時)        Enter キーを押す
> |
```

このように新しいオブジェクトが作られるのはnew演算子を付けたときだけです。new演算子なしでコンストラクタのみを呼び出したときは文字列が返されるので、それに対してgetTimeなどのメソッドを呼び出そうとするとエラーが発生します。

⏳ 達成目標　60 秒

オブジェクトについて
正しい説明を3択から選べ

オブジェクトの説明として正しいものに丸を付けてください。

1
① オブジェクトはクラスで設計しなければならない。

② オブジェクトはプロパティの集まりである。

③ オブジェクトリテラルは正しいオブジェクトの定義方法ではない。

2
① DateオブジェクトはDOM APIの一種である。

② DateオブジェクトはNode.jsでも利用できる。

③ 標準組み込みオブジェクトは追加インストールが必要である。

3
① new演算子を省略しても新しいオブジェクトを作成できる。

② Dateオブジェクトは1970年1月1日以前の日付を記録できない。

③ 日本標準時はUTCより9時間進んでいる。

7章 ▼ オブジェクトをさらに理解する

プロパティとメソッドを追加する

プロパティとメソッドの追加は、JavaScript フレームワークを利用する際に行うことがあります。書き方を覚えておきましょう。

オブジェクトにプロパティを追加する

プロパティは「.プロパティ名」に対して値を代入するだけで追加できます。オブジェクトリテラルを使って新しいオブジェクトを作成し、そこにプロパティを追加してみましょう。

> **c7_3_1.js**

```
001  let obj = {};  ────────── 空の新しいオブジェクトを作成
002  obj.firstname = 'taro';  ─── プロパティを追加
003  obj.lastname = 'yamada';
004  console.log(obj);  ─────── 変数obj内のオブジェクトを表示
```

コンソールにはオブジェクトリテラルの定義に似た形で表示されます。オブジェクトリテラルの { } 内に書いても、「.プロパティ名」で追加しても同じことなのです。

> **実行結果**

```
{firstname: "taro", lastname: "yamada"}
```

Chromeのコンソールでは、オブジェクトを展開して表示することもできます。プロパティ数が多くて1行で表示しきれないときは、展開して確認しましょう。

1 ▶をクリック

2 内部のプロパティが表示される

> JavaScript のオブジェクトは変幻自在。アメーバーのように柔軟に姿を変えるのだ

POINT

展開したオブジェクト表示を見ると、Prototypeというものが見えます。これもプロパティの1つで、他のオブジェクトからプロパティを引き継ぐ働きをします（P.160参照）。

オブジェクトにメソッドを追加する

メソッドはプロパティに関数オブジェクトを入れたものなので、プロパティと同じように定義できます。ただし、メソッドの定義はアロー関数式（P.128参照）ではなく、**function式を使用します**（P.133参照）。

fistnameとlastnameの内容をつなげて表示する、getFullNameメソッドを追加してみましょう。

アロー関数式はfunction式より新しく追加された文法だが、「今後は新しいアロー関数式を使おう」と手放しでいいきれないのが、JavaScriptの難しいところ……

> **c7_3_2.js**

```
001  let obj = {};
002  obj.firstname = 'taro';
003  obj.lastname = 'yamada';
004  obj.getFullName = function() {  …… メソッドを追加
005    return `${this.firstname} ${this.lastname}`;
006  }
007
008  console.log(obj);  …………………… オブジェクト自体を表示
009  console.log(obj.getFullName());  … メソッドの戻り値を表示
```

▶ 実行結果

```
{firstname: "taro", lastname: "yamada", getFullName: ƒ}
taro yamada
```

getFullNameメソッドでは、同じオブジェクト内のfirstnameとlastnameを連結し、それを戻り値として返しています。このとき「同じオブジェクト」を参照するために使用しているのが、**this**というキーワードです。

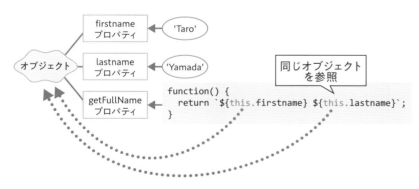

thisが「同じオブジェクト」を参照するので、firstnameやlastnameプロパティを利用するときは、this.firstname、this.lastnameと書くことができます。

注意

アロー関数式とfunction式ではthisの扱いが異なります。アロー関数式でメソッドを定義してもエラーにはなりませんが、thisが「同じオブジェクト」を参照してくれないので、意図した結果になりません。

オブジェクトリテラル内で全部定義する

「プロパティ.」で追加するのと、オブジェクトリテラル内で「プロパティ:値」で定義するのは同じことです。つまり、オブジェクトリテラル内でプロパティとメソッドをまとめて定義することもできます。

▶ c7_3_3.js

```
001  let obj = {
002    firstname: 'taro',  ············· プロパティを定義
003    lastname: 'yamada',
004    getFullName: function() {  ········· メソッドを定義
005      return `${this.firstname} ${this.lastname}`;
006    }
007  };
008
009  console.log(obj);
010  console.log(obj.getFullName());
```

オブジェクトリテラルを使った定義は、Vue.jsなどのフレームワークでよく見かけるぞ

▶ 実行結果

```
{firstname: "taro", lastname: "yamada", getFullName: ƒ}
taro yamada
```

結果はc7_3_2.jsと同じですが、こちらの書き方のほうが1つのオブジェクトをまとめて定義しているように感じます。

さらにES2015では、**拡張オブジェクトリテラル**というものが導入され、オブジェクトリテラル内でメソッドを定義するときに「: function()」を省略できるようになりました。

▶ c7_3_4.js

```
001  let obj = {
002    firstname: 'taro',
003    lastname: 'yamada',
004    getFullName() {  ···拡張オブジェクトリテラルのメソッド定義
005      return `${this.firstname} ${this.lastname}`;
006    }
007  };
008  ……後略……
```

なるべく新しいものを採用するという方針でいけば、最後の書き方だけ覚えておいてもかまいません。余裕があれば、どの書き方も誤りではないと覚えておいてください。

7章 ▼ オブジェクトをさらに理解する

存在しないメソッドを呼び出したときに起きるエラー

c7_3_2.js〜c7_3_4.jsのいずれかを実行したあとの状態で、コンソールに「obj.supername」と入力してみてください。supernameというプロパティは定義していないので、おかしな指示です。しかし、JavaScriptはエラーを発生させず、単に「**undefined（未定義）**」という値を返します。他のプログラム言語では、未定義の変数やプロパティにアクセスした段階でエラーになることもありますが、JavaScriptは特に問題ないと見なして処理を続行します。

undefinedってちょっと忍者っぽい名前だよね

「undefined」と表示される

しかし、ここで「obj.supername()」のようにメソッドとして呼び出すと、「**TypeError: obj.supername is not a function**」というエラーが表示され、プログラムの実行が停止します。

```
[>] [⊘]  top ▾  [◉]  Filter              Default levels ▾   No Issues
  ▶{firstname: "taro", lastname: "yamada", getFullName: f}
  taro yamada
> obj.supername
< undefined
> obj.supername()
⊗ ▶Uncaught TypeError: obj.supername is not a function
      at <anonymous>:1:5
>
```

エラーが表示される

何かの名前のあとに ( ) を付けると、JavaScriptエンジンは関数かメソッドの呼び出しと見なします。しかし、undefinedは関数オブジェクトではないため、「それは関数ではない」というエラーが発生するのです。

このエラーはJavaScriptを使っていると非常によく遭遇するので、驚かず冷静に名前が間違っていないか見直しましょう。

注意

プログラムが複雑になってくると、単純な名前の間違いではなく、不適切なオブジェクトが渡されたことで、このエラーが発生することがあります。10章で少し詳しく説明します。

達成目標 120 秒

出力結果を書け⑧

プログラムの結果を予想して書いてください。

```
let obj = {
  lastname: 'yamada',
  getSanDuke() {
    return `${this.lastname}さん`;
  }
}

console.log(obj.getSanDuke());          yamadaさん
```

```
let obj = {
  firstname: 'taro',
  lastname: 'yamada',
  getFullName() {
    return `${this.firstname} ${this.lastname}`;
  }
}

obj.firstname = 'jiro';
console.log(obj.getFullName());
```

1

```
let obj = {
  taxrate: 0.1,
  getPrice(value) {
    return value * (1 + this.taxrate);
  }
}

console.log(obj.getPrice(1000));
```

```
let obj = {
  taxrate: 0.1,
  getPrice(value) {
    taxrate = 0.2;
    return value * (1 + this.taxrate);
  }
}

console.log(obj.getPrice(1000));
```

```
let obj = {
  getSanDuke(name) {
    this.lastname = name;
    return `${this.lastname}さん`;
  }
}

console.log(obj.getSanDuke());
console.log(obj.getSanDuke('sato'));
```

変数のスコープを知る

SECTION 04

プログラムの中で作成した変数はそれぞれ使える範囲（スコープ）が決まっています。スコープを意識して、エラーのない正しいプログラムを書きましょう。

名前空間

一度定義した変数は、プログラムのどこからでも呼び出せるわけではありません。例えば、**関数の中で作成した変数はその関数の中でしか参照することができません**。次の簡単なプログラムを実行すると、7行目のconsole.log(tool)の処理で変数toolが定義されていないというエラーが発生します。

 参考URL

Namespace（名前空間）
https://developer.mozilla.org/ja/docs/Glossary/Namespace

> c7_4_1.js

```
001  let assign_tool = () => {
002    let tool = '手裏剣'
003  }
004
005
006  assign_tool()
007  console.log(tool)
```

エラーが発生しても慌てず騒がず、メッセージを読んでヒントを探してみよう

実行結果

```
Uncaught ReferenceError: tool is not defined
    at c7_4_1.js:7
```

このエラーの原因を知るには、JavaScriptにおける**名前空間**という考え方を知る必要があります。

JavaScriptは、さまざまなレベルの名前空間を持っています。これは**変数名、関数名、クラス名など1つの名前を持つものが1つに特定できる空間**のことで、**名前空間が異なれば同じ名前を持つものでも実体は別のものになります**。

次の図のように、同じプログラムの中でもクラス定義、クラスのメソッド定義、関数定義、メイン部分はそれぞれ別の名前空間を持っているので、同じ名前の変数を作っても実体はすべて別のデータになります。

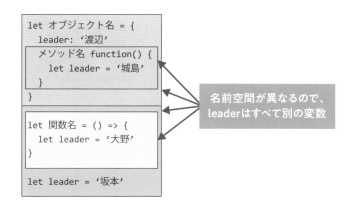

```
let オブジェクト名 = {
  leader: '渡辺'
  メソッド名 function() {
    let leader = '城島'
  }
}

let 関数名 = () => {
  let leader = '大野'
}

let leader = '坂本'
```

名前空間が異なるので、
leaderはすべて別の変数

「リーダー」と呼ばれて
いても、場所によって
誰のことを指すかは違
う

先ほどのプログラムでエラーが発生したのは、関数の中の名前空間は**ローカルな名前空間**になっているからです。ローカルな名前空間に作成された変数は**ローカル変数**といい、その名前空間の中でしか使用できません。また、**関数の仮引数もローカル変数の1つなので関数の中でしか使えません**。

名前空間が分かれていることの意味

ここまで登場していませんでしたが、実はJavaScriptで変数を宣言する際、letとconst以外にも、varというキーワードを付けて宣言することができます。しかし、letとconstはvarより新しく追加されたキーワードで、**現在ではキーワードvarで変数を宣言することは基本的には推奨されていません**。

その理由は、**letとconstは、varよりも名前空間に関する制約が厳しい**からです。中カッコ（{}）でまとめられたブロック内でlet・constで変数を宣言するとそのブロックよりも内側でしか変数を使用できませんが、varで変数を宣言するとブロックより上のレベルの名前空間に属する変数が作成されるため、宣言したブロックを突き抜けて変数を使用できます。

varで宣言するほうが変数を使用できる範囲が広いと聞くと、varのほうが便利で、let・constのほうが窮屈であるように感じるかもしれません。しかし、名前空間に関する制約が厳しいことには、**変数の値を更新しても、その影響が他の部分に及びにくいなどのメリットがある**ため、現在ではlet・constを使うよう推奨されています。

 参考URL

var
https://developer.mozilla.
org/ja/docs/Web/
JavaScript/Reference/
Statements/var

POINT

中カッコ（{}）で処理をまとめるブロック化については、P.72を参照してください。

About Prototype

プロトタイプベースのオブジェクト指向

　Dateオブジェクトを何個作っても、すべてが同じプロパティとメソッドを持っていて、同じように使えます。当たり前のことに感じますが、そのためには「オブジェクトの種類を保つ」ための仕組みが必要です。

　多くのプログラミング言語は、オブジェクトの設計図となる「クラス」を使って実現しています。同じクラスから作ったオブジェクトは同じ種類になる仕組みです。一方、JavaScriptはプロトタイプという仕組みを使います。これは他のオブジェクトを原型（プロトタイプ）として参照し、プロパティやメソッドを引き継ぐというものです。

　つまり、クラスベースの言語では設計図と実体が分かれていますが、プロトタイプベースではどれもオブジェクトなのです。

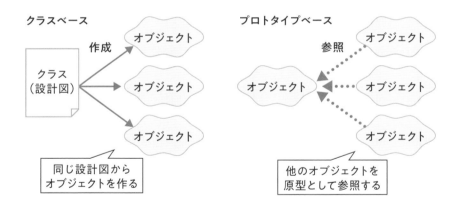

　この章の冒頭で触れたように、ES2015でclassキーワードが追加され、クラスベース言語に似た書き方ができるようになりました。内部的にはプロトタイプベースであることは変わりありませんが、従来よりもオブジェクトを設計しやすくなりました。

7章 ▼ オブジェクトをさらに理解する

8章

HTML を操作する

JavaScriptを使ってWebブラウザ上の要素を動的に操作する方法を学びます。普段使っているWebブラウザについても新たな気づきがあるでしょう。

DOMについて知る

いよいよJavaScriptの得意分野、Webブラウザについて学んでいきます。まずは
JavaScriptからWebページを操作するための仕組みについて見ていきましょう。

Windowオブジェクトとは

7章までで、JavaScriptにはさまざまな規模、種類のオブジェクトがあることを学んできました。その中でも特に規模が大きく、また使用する機会が多いのは**Windowオブジェクト**でしょう。WindowオブジェクトはWebブラウザのウィンドウそのものを表しており、Webページの情報をまとめた**Documentオブジェクト**やコンソールを表す**Consoleオブジェクト**など、Webブラウザを構成するあらゆる要素をプロパティとして持っています。

JavaScriptといえばWebアプリ、と思っていた人にとってはお待ちかねの内容だ

| Windowオブジェクト | Documentオブジェクト | Consoleオブジェクト |

これまでプログラムの中で何度もconsole.logメソッドを実行してきましたが、ConsoleオブジェクトはWindowオブジェクトのプロパティなので、「window.console.log()」と書いて実行するのが正式な形です。

しかし、**Windowオブジェクトはプログラムの中で何度も使用されるので、「window.」の部分を省略できるようになっています。**以下のプログラムには1行目と2行目では、どちらもまったく同じ処理が実行されます。

> **c8_1_1.js**

```
001  window.console.log('にんにん');
002  console.log('にんにん');
```

実行結果

```
にんにん
にんにん
```

 参考URL

Window
https://developer.mozilla.
org/ja/docs/Web/API/
Window

DocumentオブジェクトからWebページを操作する

　Windowオブジェクトに含まれているDocumentオブジェクトにはHTMLファイルの内容をWebブラウザが読み込んだ結果が格納されていて、**JavaScriptはこのDocumentオブジェクトを操作することで画面上の各要素にアクセスします。** HTMLファイルそのものを操作するのではなく、HTMLファイルを読み込んだ結果であるDocumentオブジェクトを操作するというのがポイントです。

　HTMLファイルに書かれたWebページ内の各要素（見出しテキスト、ボタンなど）は、**Elementオブジェクト**として格納されています。新しいオブジェクトの名前がいくつも登場したので、Windowオブジェクト、Documentオブジェクト、Elementオブジェクトの入れ子構造を整理しておきましょう。

 参考URL

Document
https://developer.mozilla.
org/ja/docs/Web/API/
Document

POINT

HTMLファイルについての簡単な説明はP.24を参照してください。

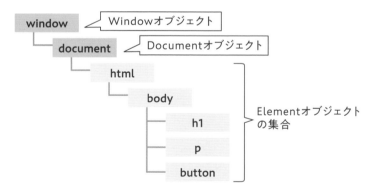

　8章では、JavaScriptでElementオブジェクトの内容を変更したり、Elementオブジェクトを追加・削除することによって、プログラムの実行結果をWebページに反映させる方法を学んでいきます。

　このように、オブジェクトを通してHTMLの内部構造を操作する仕組みのことを、**DOM**（**Document Object Model、ドム**）と呼びます。JavaScriptでWebページの内容を操作することを「DOMを操作する」と表現する場合もあるので、覚えておきましょう。

いよいよコンソールの枠を超えて、Webページの世界へ入っていくぞ

8章　▼　HTMLを操作する

163

要素を選択する

Webページを操作するには、まずWebページ内の要素を変数に格納しなければ
いけません。ここではページ内の要素を取得する方法を説明します。

id属性で要素を取得する

それでは、JavaScriptを通じてWebページを操作する方法を学んでい
きます。まずは、本書のサンプルファイル（P.2参照）のchap8フォルダ
にあるchap8.htmlというファイルを開いてください。これまでの章の
HTMLファイルより、body要素内の記述が少し増えています。

要素、属性などHTML
の用語についても思い
出そう

HTMLを操作する

この文字列を変更せよ

忍者です。

HTMLを勉強中です。

はじめに、「この文字列を変更せよ」と書かれている要素の内容を変更
してみましょう。この要素は、HTMLファイル内の以下の行にあたりま
す。

 chap8.html

010	`<div id="text">この文字列を変更せよ</div>`

このdiv要素はid属性に"text"という値を持っています。このように、
特定のid属性の値を持つ要素を取得するには、Documentオブジェクト
の**getElementById**メソッドを使用します。getElementByIdメソッドは
引数としてid属性の値を文字列で受け取り、id属性が一致するElement
オブジェクトを戻り値として返します。

参考URL

Document.getElementById()
https://developer.
mozilla.org/ja/docs/
Web/API/Document/
getElementById

id属性の値
```
document.getElementById('text')
```

Elementオブジェクトを取得できたら、そのプロパティを変更することで自由に操作できます。今回は要素のテキストを変更したいので、**innerTextプロパティ**を変更しましょう。

以下のプログラムでは、id属性が"text"である要素を取得して変数に格納したあと、その変数のinnerTextに文字列を代入しています。

POINT

これまでと同じように、HTMLファイルのscript属性の値を書き換えて実行してください

≫ c8_2_1.js

```
001   let element = document.getElementById('text');
002   element.innerText = '変更してやったり';
```

◉ 実行結果

HTMLを操作する

変更してやったり

忍者です。

プログラムを実行すると、div要素の内容が変更されます。

これからは、console.logだけではなく要素のinnerTextを書き換えることでもプログラムの実行結果を確認できるぞ

CSSセレクターで要素を取得する

Webページ上のすべての要素にid属性が設定されているわけではありません。このHTMLファイルでも、「HTMLを操作する」と書かれているh1要素にはid属性がありません。

≫ chap8.html

```
009     <h1 class="chapter_name">HTMLを操作する</h1>
```

id属性のない要素を取得するには**querySelecorメソッド**が便利です。このメソッドは取得する要素の情報を**CSSセレクター**という形式で受け取り、HTMLファイルを先頭から探索して最初に条件に当てはまった要素を返します。

CSSセレクター

```
document.querySelector('.chapter_name')
```

CSSセレクターは、Webページを装飾する**CSS**（**Cascading Style Sheets**）という形式のファイル内で、HTMLファイルのどの要素を装飾するか指定するための方法です。

⬇ 参考URL

Document.querySelector()
https://developer.mozilla.
org/ja/docs/Web/API/
Document/querySelector

この本ではCSSファイルについては詳しく扱いませんが、CSSセレクターで要素を指定する方法には主に以下の3つがあります。

参考URL

CSSセレクター
https://developer.mozilla.
org/ja/docs/Web/CSS/
CSS_Selectors

タグ名を指定

| p | タグ名をそのまま書く |

クラス属性を指定

| .chapter_name | 前に.（ドット）を付けてクラス名を書く |

id属性を指定

| #text | 前に#（シャープ）を付けてidを書く |

それでは、class属性を指定することで先ほどのh1要素を取得してみましょう。今回は、hiddenプロパティにtrueを代入することでh1要素を非表示にします。

▶ c8_2_2.js

```
001   let element = document.querySelector('.chapter_name');
002   element.hidden = true;
```

▶ 実行結果

| ::: アプリ　▶ YouTube　♀ マップ　🗎ₓ 翻訳 |
| この文字列を変更せよ ── h1要素「HTMLを操作する」が非表示になる |
| 忍者です。 |
| HTMLを勉強中です。 |

querySelectorメソッドは、CSSセレクターの条件に最初に当てはまった要素を取得するメソッドです。今回のHTMLファイルにはp要素が2つあるので、CSSセレクターでp要素を指定すると2つの要素が対象になりますが、querySelectorメソッドでは先に登場する要素しか取得できません。

hiddenプロパティは真偽値型のプロパティで、trueなら要素が非表示になり、falseなら表示される。初期値はfalseだ

| 011 | `<p>忍者です。</p>` ············· 先に登場するp要素が取得される |
| 012 | `<p>HTMLを勉強中です。</p>` |

複数の要素を取り出したい場合は**querySelectorAllメソッド**を使います。querySelectorAllメソッドの戻り値はElementオブジェクトをまとめた**NodeListオブジェクト**です。

NodeListオブジェクトは、配列に対して繰り返し処理を行うfor-of文で処理できます。p要素を取得して、繰り返し処理でその内容を書き換えるプログラムを書いて実行してみましょう。

参考URL

NodeList
https://developer.mozilla.
org/ja/docs/Web/API/
NodeList

> c8_2_3.js

```
001  let elementList = document.querySelectorAll('p');
002  for (element of elementList) {
003    let replaced = element.innerText.replace('です',
004                                             'でござる');
005    element.innerText = replaced;
006  }
```

for-of文について忘れてしまった場合はP.115で復習しよう

▶ 実行結果

```
忍者でござる。
HTMLを勉強中でござる。
```

オブジェクトの参照渡し

Webページ上の要素であるElementオブジェクトを変数に代入して、その変数のプロパティを変更すると、Webページ上の要素の見た目が変更されました。ここで、「なぜ代入した変数のプロパティを変えただけなのに、もともとのWebページ上の要素も変更されたのか？」と疑問に思った方もいるかもしれません。

通常、代入文で変数に値を代入すると、変数にはその値のコピーが格納されますが、オブジェクトを代入した場合は値がコピーされるのではなく、そのオブジェクトを参照するための情報が変数に格納されます。そして、オブジェクトの参照情報が入った変数に何らかの変更を加えると、もともとのオブジェクトが変更されるのです。

変数を変更すると　　　　　　　オブジェクトが変更される

変数名element ── **Elementオブジェクト**

達成目標 60秒

指定した要素を取得する CSSセレクターを書け

querySelectorメソッドでHTMLファイルの下線の箇所を取得するための
CSSセレクターを書き込んでください。

```
<body>
    <h1 class="chapter_name">HTMLを操作する</h1>       例
    <div id="text">この文字列を変更せよ</div>       ①
    <p>忍者です。</p>       ②
    <p>HTMLを勉強中です。</p>
    <p class="tel">電話番号は〇〇です。</p>       ③
    <script src="JavaScript.js"></script>
</body>
```

8章 ▼ HTMLを操作する

例
```
querySelector('.chapter_name')
```

1
```
querySelector('           ')
```

2
```
querySelector('           ')
```

3
```
querySelector('           ')
```

⏳ 達成目標　40秒

メソッドで取得できる要素に下線を引け

querySelectorメソッド、querySelectorAllメソッドで取得される要素に下線を引いてください。

querySelector('.chapter_name')

```
<body>
  <h1 class="chapter_name">HTMLを操作する</h1>
  <div id="text">この文字列を変更せよ</div>
  <p>忍者です。</p>
  <script src="JavaScript.js"></script>
</body>
```

1

querySelector('.chapter_name')

```
<div class="chapter_name">HTMLを操作する</div>
<div class="chapter_name">JavaScriptの新しい構文</div>
<p>忍者です。</p>
```

2

querySelectorAll('p')

```
<p class="chapter_name">HTMLを操作する</p>
<p id="text">この文字列を変更せよ</p>
<p>忍者です。</p>
```

要素を追加・削除する

JavaScriptからWebページに要素を追加したり削除する方法を学べば、もともとのHTMLファイルの構造に縛られずに動的にWebページに変化を加えられます。

要素同士の関係

HTMLファイル上の要素は、bodyタグ内にh1タグやpタグがある、というように入れ子構造を持っていますが、あるタグから見て自身を内包しているタグは「**親要素**」、逆に自身の中にあるタグのことを「**子孫要素**」と呼びます。特に、自身の直下にあるタグのことを「**子要素**」といいますが、JavaScriptでWebページ上の要素を操作するときには、特にこの「親・子」の関係を意識する機会が多くあります。

Webページ上に表示されている要素は基本的にbody要素の子孫要素だが、body要素のさらに親としてhtml要素がある

```
<body>   親
    <h1 class="chapter_name">HTMLを操作する</h1>   子
    <div id="text">この文字列を変更せよ</div>   子
</body>
```

新しい要素を作ってWebページに追加する

JavaScriptからWebページに新しい要素を追加するには、まず**createElementメソッド**で新しい要素のElementオブジェクトを作成します。createElementメソッドはh1、pなどのタグ名を受け取り、タグの情報だけを持ったElementオブジェクトを返すメソッドです。

参考URL

Document.createElement()
https://developer.mozilla.
org/ja/docs/Web/API/
Document/createElement

タグ名
```
let newElement = document.createElement('p');
```
新しい要素を変数に格納

createElementメソッドで作成した要素はタグの情報しか持っていないので、新しい要素のElementオブジェクトのプロパティに値を代入することで、属性に値を設定しましょう。

Elementオブジェクトのプロパティ　　値

```
newElement.innerText = '新たな要素';
```

要素を作成、要素に属性を設定、そしてWebページに追加。この流れを覚えておこう

　新しい要素を作成して属性を設定したら、いよいよ画面に追加します。Webページ内に要素を追加するためのメソッドはいくつかありますが、まずは**appendChildメソッド**を紹介します。このメソッドは新しい要素の親になる要素から実行して、その要素の末尾に新しい子要素を追加するメソッドです。

親要素　　　　　　　　　追加する要素

```
parent.appendChild(newElement);
```

　それでは、createElementメソッドで新しい要素を作成したあと、属性を設定して、appendChildメソッドで画面上に追加するプログラムを書いて実行してみましょう。
　ここでは、body要素の末尾の子要素として新しい要素を追加します。

参考URL

Node.appendChild
https://developer.mozilla.
org/ja/docs/Web/API/
Node/appendChild

▶ **c8_3_1.js**

```
001   let newElement = document.createElement('p');
002   newElement.innerText = '新たな要素';
003   document.body.appendChild(newElement);
```

◀ 実行結果

HTMLを操作する

この文字列を変更せよ

忍者です。

HTMLを勉強中です。

[　　　　　　　　] [分身の術]
[新たな要素]

画面の一番下に、新しい要素を追加できたね

位置を指定して新しい要素を追加する

appendChildメソッドは親要素の末尾に新しい要素を追加しますが、新しい要素を追加する位置を指定したい場合は**insertBeforeメソッド**を使います。

insertChildメソッドの使い方はappendChildメソッドとあまり変わりませんが、2つ目の引数として**どの要素の前に追加するか**を指定することができます。

| 親要素 | 追加する要素 | この要素の前に追加 |

```
parent.insertBefore(newElement, referenceElement);
```

それでは、「分身の術」と書かれたボタンの上に新しい要素を追加するプログラムを書いてみましょう。querySelecorメソッドにタグ名'input'を指定して、入力欄のElementオブジェクトを取得してから、新しい要素を作成してinsertBeforeメソッドを実行します。

▶ **c8_3_2.js**

```
001  let input = document.querySelector('input');
002
003  let newElement = document.createElement('p');
004  newElement.innerText = '新たな要素';
005  document.body.insertBefore(newElement, input);
```

⚫ 実行結果

HTMLを操作する

この文字列を変更せよ

忍者です。

HTMLを勉強中です。

新たな要素

```
[              ]  分身の術
```

POINT

新しい要素の親になる要素から実行する点、1つ目の引数に新しい要素を指定する点は、appendChildメソッドもinsertBeforeメソッドも共通だ

参考URL

Node.insertBefore()
https://developer.mozilla.org/ja/docs/Web/API/Node/insertBefore

querySelectorメソッドの使い方について忘れてしまった場合はP.165で復習しよう

Webページから要素を削除する

要素を追加するのとは逆に、Webページ上にすでにある要素をJavaScriptから削除するときは、**removeChildメソッド**を実行します。

```
親要素                    削除する要素
parent.removeChild(targetElement);
```

今回は、「この文字列を変更せよ」と書かれたdiv要素を削除するプログラムを考えてみましょう。

removeChildメソッドは削除したい要素の親要素から実行するため、要素を削除するにはまず削除したい要素の親要素を特定する必要があります。あるElementオブジェクトの親要素を取得するには、そのオブジェクトの**parentElementプロパティ**を参照します。

```
              子要素
let parent = child.parentElement;
```
親要素を変数に格納

▶ c8_3_3.js

```
001  let target = document.querySelector('div');
002  let parent = target.parentElement;
003  parent.removeChild(target);
```

◉ 実行結果

HTMLを操作する
div要素が削除される

忍者です。

HTMLを勉強中です。

[   ] [分身の術]

 参考URL

Node.removeChild
https://developer.mozilla.
org/ja/docs/Web/API/
Node/removeChild

> 要素を追加するときも削除するときも、まず親要素を特定するのが大切だ

POINT

今回はdiv要素の親要素はbody要素であるとわかっているので、document.bodyからremoveChildメソッドを実行しても同じ結果になります。

新しい要素が追加される場所に線を引け

JavaScriptが実行された結果、新しい要素newElementが追加される場所に線を引いてください。

JavaScript.js

```javascript
let parent = document.body;

let newElement = document.createElement('p');
parent.appendChild(newElement);
```

HTML

```html
<body>
  <h1 class="chapter_name">HTMLを操作する</h1>
  <div id="text_div">
    <p>長男</p>
    <p>次男</p>
  </div>
  <script src="JavaScript.js"></script>

  </body>
```

JavaScript.js

```javascript
let parent = document.querySelector('#text_div');
let newElement = document.createElement('p');
parent.appendChild(newElement);
```

HTML

1

```html
<body>
  <div id="text_div">
    <p>長男</p>
  </div>
  <script src="JavaScript.js"></script>
</body>
```

2

JavaScript.js

```javascript
let reference = document.querySelector('p');
let parent = reference.parentElement;
let newElement = document.createElement('p');
parent.insertBefore(newElement, reference);
```

HTML

```html
<body>
  <div id="text_div">
    <p>次男</p>
    <p>三男</p>
  </div>
  <script src="JavaScript.js"></script>
</body>
```

3

JavaScript.js

```javascript
let parent = document.querySelecor('.text_div');
let newElement = document.createElement('p');
parent.appendChild(newElement);
```

HTML

```html
<body>
  <div class="text_div">
    <p>長男</p>
  </div>
  <div class="text_div">
    <p>長女</p>
  </div>
  <script src="JavaScript.js"></script>
</body>
```

イベントを設定する

Webページ上の要素にイベントを設定することで、クリックやキーボード操作などユーザーの操作に応じて実行されるプログラムを書くことができます。

ユーザーの操作をきっかけに実行されるイベント

　これまでのプログラムはすべて、Webページがブラウザに読み込まれるとすぐに実行されていました。しかし、Webページ上でプログラムを動作させる場合、「ボタンがクリックされた」「エンターキーが押された」など、**ユーザーの操作に合わせて処理を実行する**場面がほとんどです。

　このように、プログラムを実行するきっかけとなるユーザーの操作を、**イベント**と呼びます。JavaScriptでユーザーの操作に合わせて処理を実行するには、イベントとそれをきっかけに実行する処理を紐付ける**イベントリスナー**という仕組みを使います。

> JavaScriptはユーザーの操作という命令を受けて処理を実行する……忍者も命令を受けて任務を遂行する

HTMLを操作する

| ボタン | ボタンがクリックされる | → | clickイベント | → | 関数 |

この2つをイベントリスナーで紐づける

マウス操作をきっかけに文字列を変更する

　イベントリスナーは、イベントを追加したい要素のElementオブジェクトで**addEventListenerメソッド**を実行することで追加します。addEventListenerメソッドは、イベントの名前を1つ目の引数、実行する処理を2つ目の引数として受け取ります。

 参考URL

EventTarget.addEvent
Listener()
https://developer.
mozilla.org/ja/docs/
Web/API/EventTarget/
addEventListener

```
要素        イベントの種類を表す文字列    実行する関数
element.addEventListener('click', func)
```

　2つ目の引数に指定する処理は、関数式を使って定義した関数名を書くこともできますが、その場合は関数に引数を渡すことができないため、**アロー関数式を使って無名関数を渡す**のが主流になっています。

それでは、さっそくイベントリスナーを使って、ユーザーの操作をきっかけにWebページに動的な変化を加えてみましょう。今回は、「**この文字列を変更せよ**」と書かれた**div要素にマウスポインタを当てる**ことで、**div要素内の文字列を変更する**というプログラムを書きます。

要素の上にマウスポインタを当てるというイベントの名前は'mouseover'なので、addEventListenerメソッドの1つ目の引数は'mouseover'です。2つ目の引数には、アロー関数式でdiv要素内の文字列を変更するという無名関数を書きます。

イベントの種類を表す文字列

```
target.addEventListener('mouseover', () => {
        イベントをきっかけに実行する処理
})
```

実際に、querySelectorメソッドでdiv要素を取得し、要素にイベントリスナーを登録するコードは以下のようになります。

▶ **c8_4_1.js**

```
001  let target = document.querySelector('#text');
002  target.addEventListener('mouseover', () => {
003    target.innerText = '変更してやったり';
004  })
```

◉ 実行結果

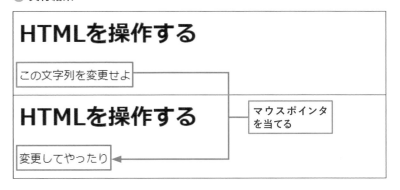

POINT

アロー関数式について復習したい場合はP.128を参照してください。

POINT

このプログラムでは2回目以降mouseoverイベントが発生しても画面の見た目は変わりませんが、実際にはマウスを要素の上に動かすたびにmouseoverイベントが発生します。

イベントの種類

JavaScriptには、mouseover以外にもプログラムの中で使えるさまざまなイベントが用意されています。

📥 参考URL

イベントリファレンス
https://developer.mozilla.
org/ja/docs/Web/Events

・ マウス操作で発生するイベント

イベントタイプ名	発生するタイミング
mouseover	要素の上にマウスポインタが当たったとき
mouseout	要素の上からマウスポインタが外れたとき
mousedown	要素の上でマウスボタンを押し下げたとき
mouseup	要素の上でマウスボタンを離したとき
click	要素をクリックしたとき
dblclick	要素をダブルクリックしたとき
mousemove	要素の上でマウスを動かしている間

・ キーボード操作で発生するイベント

イベントタイプ名	発生するタイミング
keydown	キーを押したとき
keyup	キーを離したとき

・ その他の操作で発生するイベント

イベントタイプ名	発生するタイミング
focus	フォーカスが当たったとき
blur	フォーカスが外れたとき
load	読み込みが完了したとき
unload	アンロードが行われたとき（ページ遷移したときなど）
submit	入力したフォームが送信されたとき

また、ユーザーの1つの操作で、複数のイベントが発生することもあります。例えば、clickイベントはマウスボタンを押す→離すという操作で発生しますが、このときmousedownイベント、mouseupイベントも同時に発生しています。

普段何気なく行っている「要素にマウスを当ててクリックする」という操作だけでも、いくつものイベントが発生しているんだね

ボタンをクリックするたびに要素を追加する

先ほどのプログラムでは2回目以降mouseoverイベントが起こっても変化がありませんでしたが、**イベントリスナーを使ってイベントに処理を登録すると、そのイベントが発生するたびに何度でも処理が行われます。**

以下のプログラムを実行すると、「分身の術」と書かれたボタンにclickイベントの処理を登録することで、ボタンをクリックするたびに忍者の画像がWebページに追加されます。

これまでで最も忍者らしいプログラムだ

▶ c8_4_2.js

```
001  let btn = document.querySelector('button');
002  btn.addEventListener('click', () => {
003    let ninjaImage = document.createElement('img');
004    ninjaImage.src = 'img/ninja_credit.jpg';
005    ninjaImage.alt = '分身する忍者';
006    ninjaImage.width = 96;
007    ninjaImage.height = 157;
008    document.body.appendChild(ninjaImage);
009  })
```

POINT

c8_4_2.jsではWebページに画像を埋め込むためのHTML要素imgを作成しています。値を設定しているsrcプロパティ、alt属性などについてはページ下部のリンクを参照してください。

◉ 実行結果

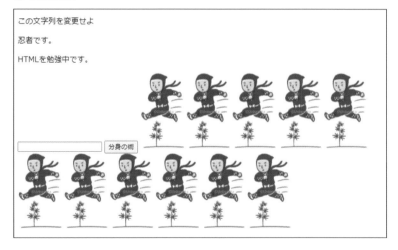

参考URL

<img>: 画像埋め込み要素
https://developer.mozilla.
org/ja/docs/Web/HTML/
Element/img

input要素に入力された値を取得する

Webページ上でJavaScriptが実行されるとき、最も多い用途の1つが、ユーザーが入力した文字列や数字を取得することです。サンプルのHTMLファイルにも入力欄の**input要素**があるので、ここに入力した値を利用するプログラムを書いてみましょう。

思わせぶりな入力欄が気になっていた人も多いだろう

> **chap8.html**

```
001    <input type="number">
```

要素に入力された値は、**valueプロパティ**で取得できます。まずは、input要素のkeyupイベントに処理を登録することで、input要素にキーボードで値が入力されるたびに画面上部のdiv要素にその値を表示するプログラムを書いてみましょう。

> **c8_4_3.js**

```
001  let input = document.querySelector('input');
002  input.addEventListener('keyup', () => {
003    let text = input.value;
004    let element = document.getElementById('text');
005    element.innerText = text;
006  })
```

POINT

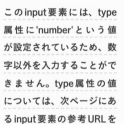

このinput要素には、type属性に'number'という値が設定されているため、数字以外を入力することができません。type属性の値については、次ページにあるinput要素の参考URLを参照してください。

> **実行結果**

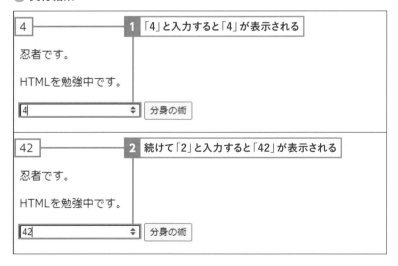

1 「4」と入力すると「4」が表示される

2 続けて「2」と入力すると「42」が表示される

次に、ボタンのclickイベントに登録する処理のなかで、input要素の値を利用するプログラムを書いてみましょう。

以下のプログラムはc8_4_2.jsとほとんど同じですが、input要素の値の数だけ処理を繰り返すことで、一度に複数の忍者を追加します。

参考URL

<input>: 入力欄 (フォーム入力) 要素
https://developer.mozilla.org/ja/docs/Web/HTML/Element/input

▶ c8_4_4.js

```
001  let btn = document.querySelector('button');
002  btn.addEventListener('click', () => {
003    let number = document.querySelector('input').value;
004    for (let i = 0; i < number; i++) {
005      let ninjaImage = document.createElement('img');
006      ninjaImage.src = 'img/ninja_credit.jpg';
007      ninjaImage.alt = '分身する忍者';
008      ninjaImage.width = 96;
009      ninjaImage.height = 157;
010      document.body.appendChild(ninjaImage);
011    }
012  })
```

▶ 実行結果

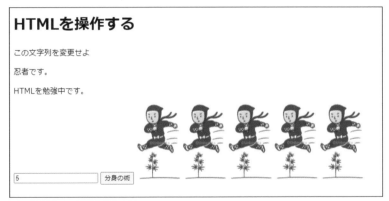

ブラウザの更新ボタンを押すと、分身した忍者がまとめてドロンするぞ

About CSS class

JavaScript で CSS クラスを切り替える

本書ではCSSについて詳しく扱いませんでしたが、Webページ上の要素にさまざまな装飾を行う CSSとJavaScriptを組み合わせることで、Webページの見た目を動的に変化させることができます。

P.165でquerySelectorメソッドにclass属性を指定して要素を取得する方法を紹介しましたが、このclass属性の値はElementオブジェクトの**className プロパティ**に保持されています。

以下のプログラムは、「分身の術」ボタンのclassNameプロパティを、mouseoverイベント、mouseoutイベントが発生するたびに切り替えています。このプログラムを実行して、ボタンの上にマウスポインタを当てたり、外したりを繰り返してみてください。

> **c8_4_3.js**

```
001  let btn = document.querySelector('button');
002  btn.className = 'button_normal';
003
004  btn.addEventListener('mouseover', () => {
005    btn.className = 'button_hover';
006  })
007  btn.addEventListener('mouseout', () => {
008    btn.className = 'button_normal';
009  })
```

> 実行結果（通常時）

分身の術

> 実行結果（マウスポインタを当てたとき）

分身の術

マウスポインタが当たっているかどうかによってボタンの色が変わりました。

これは、chap8.htmlを装飾するCSSファイルに、class属性がbutton_normalである場合と、button_hoverである場合とで、ボタンを別の色で装飾するよう指定しているからです。

このように、CSSとJavaScriptを組み合わせることで、Webページにさらに多様な変化を付けることができます。

正しいイベントを選択せよ

次のようなプログラムを書くときに、処理を登録するべきイベントを選択してください。

ボタンがクリックされたときに処理を行う

① **click イベント**

② **dblclick イベント**

③ **mouseout イベント**

1

画像がダブルクリックされたら、拡大表示する

① **keydown イベント**

② **mousedown イベント**

③ **dblclick イベント**

2

マウスポインタが動いている間、マウスポインタの軌跡を表示する

① **mouseover イベント**

② **mouseup イベント**

③ **mousemove イベント**

入力フォームが正常に送信されたときにメッセージを表示したい

3

① submitイベント

② clickイベント

③ loadイベント

パスワード入力欄にキーが入力されるたびに入力されたパスワードの強度を表示する

4

① clickイベント

② keydownイベント

③ mouseoverイベント

要素にフォーカスが当たったときとフォーカスが外れたときにCSSクラスを変更する

5

① loadイベントとunloadイベント

② focusイベントとblurイベント

③ mouseoverイベントとmouseoutイベント

9章

JavaScript の
新しい構文

これまでES2015以降の基本構文を中心に解説してきました
したが、業務で新しい構文を使うことも増えてきていま
す。非同期通信やモジュールなど、使用頻度が比較的高
い新しい構文の概要を説明します。

JavaScriptの進化とフレームワーク

業務でJavaScriptを使う場合、知っている構文だけで済ませるわけにはいきません。フレームワークなどで新しい構文を求められれば、それを使う必要があります。

毎年進化するJavaScript

1章でも触れたように、JavaScriptは毎年バージョンアップします。下表を見るとES2015の変更点が最も多く、ここで高機能なWebアプリを見据えた大改革が行われたことがわかります。本書の解説も、基本的にES2015ベースで解説してきました。

それに比べるとES2016以降の変更は小粒ですが、フレームワークなどで使われるものも増えてきているので、この章でその一部を紹介します。

> ES2015で追加された構文のほとんどは、すでに解説済みだ

▶ バージョンごとの主な変更点

バージョン	追加された機能
ES2015 （ES6）	letとconst、アロー関数、クラス、モジュール、テンプレート文字列、for-of文、拡張オブジェクトリテラル、Promise、分割代入、残余引数、スプレッド構文など
ES2016	べき乗演算子など
ES2017	非同期処理（async/await）
ES2018	オブジェクトリテラルのスプレッド構文など
ES2019	Arrayオブジェクトの強化
ES2020	ヌル合体演算子、オプショナル連結演算子、globalThisなど

フレームワークやライブラリも進化する

実際のWeb開発では、素のJavaScriptのみでではなく、**フレームワークやライブラリ**を使うこともよくあります。フレームワークやライブラリは、どちらもアプリ開発で使われる便利なオブジェクト／関数をまとめたものです。フレームワークとライブラリの違いは、フレームワークがアプリの枠組を提供するのに対し、ライブラリは自分のプログラム内に取り込んで使うという点です。

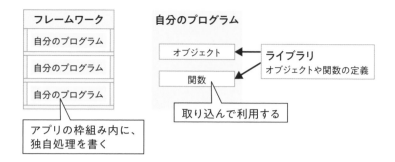

アプリの枠組み内に、独自処理を書く

取り込んで利用する

JavaScript ライブラリで有名なものには、2006年に登場した**jQuery（ジェイクエリー）** があります。当時はWebブラウザごとの違いが現在よりも大きく、jQueryを使うとそれを吸収することができました。DOM操作や非同期通信（Ajax）、アニメーション処理などを手軽に行う関数などを多数そろえています。DOM APIのquerySelectorに似た柔軟なHTML要素選択機能を、先んじて採り入れていた点も高く評価されています。

2010年前後から登場し始めたのが、**React（リアクト）** や**Vue.js（ビュー・ジェイエス）** などのJavaScriptフレームワークです。jQueryがWebページ制作を目的としていたのに対し、JavaScriptフレームワークのターゲットはWebアプリ開発です。

Webアプリ開発では、HTML側のユーザーインターフェース（入力ボックスやボタン類）とJavaScript側の変数やオブジェクトを同期（データバインディング）する必要があります。そうしないと、画面上に表示されている情報とJavaScriptが記録している情報に食い違いが出てしまうからです。これをイベント処理などで実装すると、それだけでプログラムがかなり複雑なものになってしまうのですが、JavaScriptフレームワークがユーザーインターフェースとの連携を担当してくれます。開発者はWebアプリ独自の処理の開発に専念できるというわけです。

参考URL

jQuery
https://jquery.com/

React
https://ja.reactjs.org/

Vue.js
https://jp.vuejs.org/

ユーザーインターフェースとデータの更新を同期させることを、データバインディング（束縛）というよ

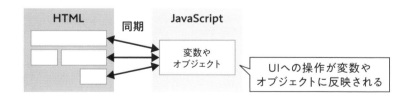

UIへの操作が変数やオブジェクトに反映される

Webフレームワークでは、JavaScriptの新しい構文を積極的に採り入れています。取り残されないよう、部分的にでも把握しておきましょう。

9章 ▼ JavaScriptの新しい構文

非同期処理を行うための構文

非同期処理は、JavaScriptで通信処理を行う場合に必要となります。複雑になりがちなので、記述をシンプルにする構文が追加されています。

非同期処理とは

　非同期処理の前に、**非同期通信**について説明しましょう。初期のWebアプリではWebサーバーと情報をやり取りするためにフォームという仕組みが使われていましたが、やり取りのたびにWebページ全体が更新されるため、応答が遅いという問題がありました。また、Webページを更新するとJavaScriptのプログラムも初期化されるため、ページをまたぐ処理が行えません。この問題を解決するために用意されたものが非同期通信です。JavaScriptがWebサーバーと通信し、DOM操作によって結果を表示するため、ページ遷移が不要になります。

非同期通信は、以前はAjaxと呼ばれていた

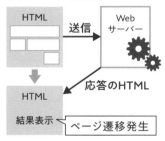

フォームによる通信

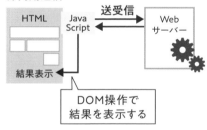

非同期通信

　非同期処理は、JavaScriptによる通信のために必要となります。Webサーバーとの通信は応答が届くまでいくらか時間がかかりますが、その間Webブラウザ側の処理を止めておくことはできません。そこで、Webサーバーから応答が来るまでの間は他の処理を行い、応答が届いてから対応処理を行うのが**非同期処理**です。

POINT

初期の非同期通信はXMLHttpRequestオブジェクトを使っていたため、Web上の記事でもこの用語が出てくることがあります。現在はその代わりとなるFetch APIが用意されています。

応答が届いたときに何かをするという点で、非同期処理はDOM APIのイベントと同じであり、実際にaddEventListenerメソッド（P.176参照）で実装することもできます。しかしイベント処理では、連続して通信を行う場合にプログラムが複雑になってしまうため、ES2015でPromise、ES2017でasync/awaitという構文が追加されました。ここではPromiseとasync/awaitの使い方を解説します。

非同期通信を行う前の準備

JavaScriptでの非同期通信を行う前にいくつか準備が必要です。Webブラウザ内で動くJavaScriptにはいろいろな制限がかけられており、その1つが「原則的に同一のWebサーバーとしか通信できない」というものです。この制限を**同一オリジンポリシー**と呼びます。

この同一オリジンポリシー内でプログラムを動かすには、「パソコン内でWebサーバーを立ち上げる」「通信したいファイルもその中に置く」という2つの条件を満たす必要があります。今回、Webサーバーは VSCodeの**LiveServer拡張機能**を使うことにします。また、HTMLファイルやJavaScript、通信でダウンロードするJSONファイルは、[ninja_javascript] フォルダの [chap9] フォルダにまとめます。

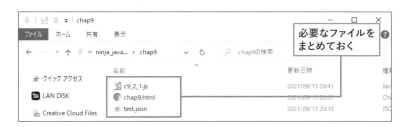

必要なファイルをまとめておく

それぞれのファイルの内容は次の通りです。今回はじめて登場する**JSON（JavaScript Object Notation）**は、Webサーバーとの通信に使われるデータ記法です。JavaScriptのオブジェクトリテラルや配列リテラルをもとにしていますが、現在はそれ以外のプログラミング言語でも広く使われています。

> **test.json**

```
001  {
002      "text": "This is Fetch Text!"
003  }
```

JSONはオブジェクトリテラルのように、「キー: 値」のセットで書きます。ただし、キー名はダブルクォートで囲む必要があります。

9章 ▼ JavaScript の新しい構文

189

chap9.html

```
001  <!DOCTYPE html>
002  <html lang="ja">
003    <head>
004      <meta charset="UTF-8" />
005      <title>chap9</title>
006    </head>
007    <body>
008      <p class="chapter_name">JavaScriptの新しい構文</p>
009      <p id="result"></p> ················ 結果を表示するp要素
010      <script src="c9_2_1.js"></script>
011    </body>
012  </html>
```

c9_2_1.js

```
001  let result = document.querySelector('#result');
002  let url = '/chap9/test.json';
003  fetch(url)
004    .then((response) => {
005      return response.json();
006    })
007    .then((data) => {
008      result.innerText = data['text'];
009    });
```

次に VSCode に LiveServer をインストールします。

参考URL

Fetch API
https://developer.mozilla.
org/ja/docs/Web/API/
Fetch_API

このプログラムについてはあとで説明するぞ

POINT

LiveServer の本来の用途は、編集中の HTML や CSS を自動リロードすることです。VSCode 上での Web ページ編集と結果の確認をすばやく行うことができます。

VSCodeの［ファイル］→［フォルダーを開く］を選択し、［ninja_javascript］フォルダを選択します。LiveServerを起動したときに、開いているフォルダがWebサーバーのルートになります。VSCodeでchap9.htmlを開いた状態でステータスバーの［Go Live］をクリックするとLiveServerが起動し、Webブラウザにchap9.htmlが表示されます。

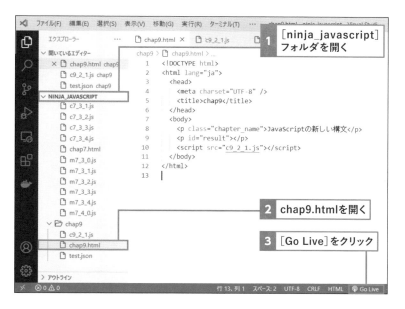

1 ［ninja_javascript］フォルダを開く

2 chap9.htmlを開く

3 ［Go Live］をクリック

POINT

LiveServerの起動中は、VSCodeのステータスバーのボタンが［Port:5500］に変わります。これをクリックするとLiveServerを停止できます。

4 JSON内のテキストが表示される

非同期通信に成功していれば、「This is Fetch Text!」と表示されているはずです。このテキストはchap9.htmlには書かれていませんでしたね。JavaScriptのプログラムが非同期通信でtest.jsonを読み込んで、DOM操作で表示しているのです。

fetch関数とPromiseオブジェクト

c9_2_1.jsについて説明していきましょう。最初の2行は、querySelectorメソッドで結果を表示する要素の取得と、test.jsonの場所を表すURLの用意です。「/chap9/test.json」は、［chap9］フォルダ内のtest.jsonファイルを指定しています。

```
001   let result = document.querySelector('#result');
002   let url = 'chap9/test.json';
      ……後略……
```

3行目以降が本題の非同期通信を行っている部分です。fetch関数は DOM APIに標準で用意されている関数でこれが**Promise（プロミス）**というオブジェクトを返します。Promiseオブジェクトは非同期処理のためのthenメソッドを持ち、引数の無名関数内にサーバーが応答したときに行う処理を書きます。

> c9_2_1.js

```
      ……前略……
003   fetch(url) ……………………… 指定したurlのWebサーバーと通信
004     .then((response) => {
005       return response.json(); …JSONを取得して戻り値にする
006     })
007     .then((data) => {
008       result.innerText = data['text']; … JSONの「text」キー
      の値を表示
009     });
```

POINT

ここではjsonメソッドを使ってJSONを取り出していますが、Responseオブジェクトからテキストを取り出したい場合はtextメソッドを、画像データを取り出したい場合はblobメソッドを使います。

thenメソッドのチェーンによって、連続した非同期処理を書くことができます。1つ目のthenメソッド内の無名関数の戻り値が、次のthenメソッド内の無名関数の引数に渡され、thenから次のthenへとデータを受け渡しながら処理していきます。

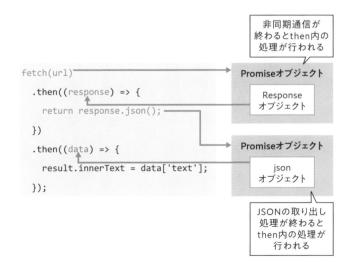

async/await

Promiseによって連続した非同期処理が書きやすくなりましたが、まだ少しわかりにくいですね。さらに通常の処理に近い形で書けるようにするのが**async/await**です。

async/awaitでは非同期で行いたい処理を**非同期関数**の中にまとめて書きます。関数定義の前に**asyncキーワード**を付けると非同期関数になります。非同期関数内の処理は**awaitキーワード**のところで一時停止し、非同期処理のメソッドや関数が結果を返すのを待ちます。

次の例はc9_2_1.jsをasync/awaitを使う形に書き換えたものです。awaitが入る点を除くと、普通の関数のように書くことができます。

エーシンク、エーウェイトと読む

> ▶ c9_2_2.js

```
001  async function getTestJSON(url) {  …非同期関数を定義
002    let response = await fetch(url);  …Webサーバーと通信
003    let data = await response.json(); …JSONを取得
004    let result = document.querySelector('#result');
005    result.innerText = data['text'];  ……JSONの「text」キー
       の値を表示
006  }
007
008  getTestJSON('/chap9/test.json');  ……非同期関数を呼び出し
```

注意

awaitキーワードが意味を持つのは、Promiseオブジェクトを返す関数／メソッドの前に書いたときです。querySelectorメソッドなどの前にawaitと書いてもエラーにはなりませんが、意味はありません。

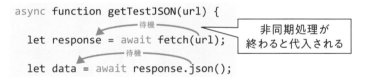

非同期関数はアロー関数式を使って書くこともできますが、やや複雑です。

```
let getTestJSON = async (url) = > {……処理……}
```

JavaScriptフレームワークを使う場合でも、通信処理ではPromiseやasync/awaitを使うことがあります。誰もが知っておくべき必須知識とまではいえませんが、大まかな仕組みは頭の中に入れておいて、必要になったときに読み返してください。

注意

c9_2_2.jsからawaitキーワードを取り除くと、ペンディング状態のPromiseオブジェクトを変数に代入して先に進むため、途中でエラーになってしまいます。

9章 ▼ JavaScriptの新しい構文

出力結果を書け⑨

プログラムの結果を予想して書いてください。

```javascript
let result = document.querySelector('#result');
let url = '/chap9/test.json';
fetch(url)
  .then((response) => {
    return 'ホップ';
  })
  .then((data) => {
    console.log(data);
  });
```
ホップ

1

```javascript
let result = document.querySelector('#result');
let url = '/chap9/test.json';
fetch(url)
  .then((response) => {
    return 'ホップ';
  })
  .then((data) => {
    console.log(data);
    return data + 'ステップ';
  })
  .then((data) => {
    console.log(data);
    return data + 'ジャンプ';
  })
  .then((data) => {
    console.log(data);
  });
```

```
async function getTestJSON(url) {
  let response = await fetch(url);
  let data = await response.json();
  text = '取得データ:' + data['text'];
  console.log(text);
}

getTestJSON('/chap9/test.json');
```

2

```
async function getTestJSON(url) {
  let response = fetch(url);
  console.log(response.json);
}

getTestJSON('/chap9/test.json');
```

3

※これらのサンプルはc9_2_1.jsやc9_2_2.jsと同様に、WebサーバーやHTML、JSONファイルが用意された状態
で実行されるものとします。test.jsonの内容も同一とします（P.189参照）。

SECTION 03 export と import

export/importは機能の導入に使う構文です。新しいライブラリやフレームワークでは、積極的に利用されています。

モジュールの導入

ES2015で追加されたexport、importは、JavaScriptに**モジュール**という仕組みを導入するためのものです。HTMLにscriptタグを複数書けば、複数のJavaScriptファイルを読み込むことができますが、その場合、複数ファイルをまとめた1つのプログラムと見なされます。そのため、同じ名前の変数や関数があると、衝突が起きます。例えば、letで定義した変数が重複するとその時点でエラーが発生しますし、varで定義した変数が重複すると問答無用で再代入されてしまいます。

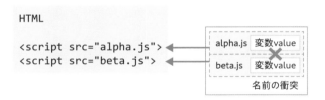

これを解決するのが**モジュール**です。**scriptタグのtype属性にmoduleを指定**すると、JSファイルをモジュールとして読み込みます。モジュールはスコープが独立しており、名前が衝突することはありません。他のモジュールの関数やオブジェクトを利用したい場合は、exportとimportを利用します。

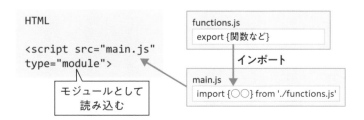

モジュール間でexport/importするには、まず関数やオブジェクトを定義したモジュール側で、他のモジュールに公開してよいものをexport

POINT

名前の衝突による問題を避けるために、昔から使われているワザがプログラム全体を関数定義で囲むというものです。関数内は独立したスコープ（P.158参照）になるため、名前の衝突を避けられます。

最近のJavaScriptフレームワークは、export/importを使うものが多いぞ

します。そして、利用側のモジュールでimportします。

　もう1点注意があり、importはWebサーバーを介する必要があります。つまり、非同期通信と同様に、**LiveServerなどのWebサーバーを利用しなければいけません。**

export/importを試す

　構文を説明する前に、まずはexport/importを試してみましょう。1つのHTMLファイルと2つのJSファイルを用意します。

モジュール自体がややこしいので、サンプルの関数やメソッドの内容はシンプルにしたよ

> **chap9_3.html**

```
001  <!DOCTYPE html>
002  <html lang="ja">
003    <head>
004      <meta charset="UTF-8" />
005      <title>chap9</title>
006    </head>
007    <body>
008      <p class="chapter_name">JavaScriptの新しい構文</p>
009      <script src="c9_3_2.js" type="module"></script>
010    </body>············ import側のJSファイルを読み込む
011  </html>
```

> **c9_3_1.js（export側）**

```
001  const testFunc = () => {············ testFunc関数の定義
002    console.log('testFunc!');
003  };
004  const maskObject = { ··· maskObjectのオブジェクトリテラル
005    show() {······················ showメソッドの定義
006      console.log('maskObject!');
007    },
008  };
009  const innerFunc = () => {······非公開のinnerFunc関数の定義
010    console.log('innerFunc!');
011  };
012  ············ testFuncとmaskObjectをエクスポート
013  export { testFunc, maskObject as someObject };
014
015  console.log('export side');········ 単なる表示処理
```

POINT

maskObjectのshowメソッドの定義には、拡張オブジェクトリテラルを使っています（P.154参照）。

```
001   import { testFunc, someObject } from './c9_3_1.js';
002   ·················testFuncとmaskObjectをインポート
003   testFunc();  ··········testFuncを呼び出し
004   someObject.show();··········showメソッドを呼び出し
005
006   console.log('import side');  ·········単なる表示処理
```

参考URL

JavaScript モジュール
https://developer.
mozilla.org/ja/docs/
Web/JavaScript/Guide/
Modules

　ファイルを用意し終わったら、LiveServerを使ってchap9_3.htmlを表示してみましょう。

> **実行結果（コンソール）**

```
export side
testFunc!
maskObject!
import side
```

> **注 意**
>
> ここでコンソールに「Access to script at〜from origin 'null'」と表示された場合は、WebサーバーからHTMLが開かれていません。「404(Not Found)」と表示された場合はimportするファイル名が誤っています。

　結果を見ると、まずc9_3_1.jsに書いた「export side」が表示され、そのあとインポートした関数、メソッドの実行結果として「testFunc!」「someObject!」が表示され、最後にc9_3_2.jsに書いた「import side」が表示されます。なぜそうなるのか説明していきましょう。

export/importの構文

　まずexport側のc9_3_1.jsから見ていきましょう。前半はすでに説明済みの関数やオブジェクトの定義なので、注目すべきなのは13行目のexport文です。

```
export { testFunc, maskObject as someObject };
```

　export文の{ }内に、カンマ区切りでエクスポートしたい関数や変数の名前を列挙します。**asキーワード**を使うと別名でエクスポートできます。

ここではmaskObjectをsomeObjectという名前でエクスポートしています。innerFunc関数はエクスポートしていないため、インポートして使うことはできません。公開せずにモジュール内で利用する関数はこのようにします。

　次にimport側のc9_3_2.jsを見てみましょう。1行目がimport文です。

```
import { testFunc, someObject } from './c9_3_1.js';
```

　{ }内にインポートしたい名前をカンマ区切りで列挙し、fromキーワードのあとにモジュール名を書きます。先頭の「./」は相対パスで現在の場所（c9_3_2.jsと同じフォルダ内）という意味で、これがないとエラーになることがあります。

　エクスポートする名前とインポートする名前は一致していなければいけませんが、衝突を避けるためにasキーワードを使って別名を付けることもできます。

```
import { testFunc as superFunc } from './c9_3_1.js';
```

注意

maskObjectとsomeObjectが指すのは同じものですが、maskObjectという名前ではexportしていないため、その名前でimportしようとするとエラーになります。

POINT

1つだけexport/importする場合は、{ }を省略できます。

デフォルトエクスポート

　モジュール内で1つだけ、デフォルトでエクスポートする名前を決めることができます。デフォルトエクスポートするには、export文で名前のあとに「as default」を付けます。import文ではデフォルトを受け取る名前を{ }より先に書きます。

　以下の例はinnerFunc関数をデフォルトエクスポートし、defaultFuncという名前でインポートしています。

```
export { innerFunc as default, testFunc, maskObject as someObject };
```

```
import defaultFunc, { testFunc, someObject } from './c9_3_1.js';
```

9章 ▼ JavaScriptの新しい構文

その他の新しい構文

ここではプログラムの書き方をちょっと便利にしてくれる構文を紹介します。
JavaScriptに慣れてきたら使ってみましょう。

分割代入

分割代入は小粒ながら便利な構文です。配列の値を複数の変数にまとめて代入することができます。次のように代入先の変数を [ ] で囲んで列挙すると、変数aに'one'、変数bに'two'、変数cに'three' が入ります。

```
let [a, b, c] = ['one', 'two', 'three'];
```

便利な使い方として、2つの変数の値を入れ替えることができます。

```
let x = -10;
let y = 100;
[y, x] = [x, y]; ················ 変数xが100、変数yが-10になる
```

POINT

分割代入を使わないと、変数の値を入れ替えるときに、一時的に値を入れる変数が必要になります。

残余引数とスプレッド構文

残余引数とスプレッド構文は、どちらも「...（ドット3つ）」と書き、考え方も似ているのでまとめて覚えるといいでしょう。

残余引数は関数の定義で使うもので、複数の値を1つの配列に入れて受け取ることができます。つまり、好きなだけ引数を受け取れる関数を作れるのです。他のプログラミング言語の「可変長引数」と似ているので、そう理解すると早いかもしれません。

残余は「残り」、スプレッドは「広げる」という意味だ

```
let testFunc = (...args) =>{
······3つの引数を指定して呼び出すとargsは3つの要素を持つ配列になる
    console.log(args);
}

testFunc('one', 'two', 'three'); ···3つの引数を指定して呼び出す
```

スプレッド構文は、配列や文字列などの反復可能オブジェクトを、複数の値に展開します。例えば次の例では、配列を展開してまったく同じ配列を作っています。

POINT

反復可能オブジェクトとは、for文などで繰り返し処理が可能なデータのことです。

```
let arr1 = ['a', 'b', 'c'];
let arr2 = [...arr1]; ................ ['a', 'b', 'c']となる
```

関数の呼び出し時に、配列を展開して渡すという使い方もされます。

```
let testFunc = (x, y) =>{ ............. 2つの引数を受け取る関数
    console.log(x + y);
}
```

```
let arr = [-10, 100];
testFunc(...arr); ........ testFunc(arr[0], arr[1])と同じ意味になる
```

配列の連結も、スプレッド構文の用途の1つです。

```
let arr = [0, 1, 2];
let brr = [3, 4, 5];
let crr = [...arr, ...brr]; .......... [0, 1, 2, 3, 4 ,5]となる
```

残余引数は複数の値を配列にまとめ、スプレッド構文は配列を複数の値に展開します。その点では逆の働きともいえます。

拡張オブジェクトリテラル関連の構文

7章で**拡張オブジェクトリテラル**のメソッド定義について説明しました（P.154参照）。ここでは拡張オブジェクトリテラルのその他の新機能を説明します。

1つ目は「計算されたプロパティ名」というもので、式の結果をプロパティ名にすることができます。[ ]を囲んだ式を評価し、その結果をプロパティ名にします。式なので関数やメソッドの結果を使うこともできます。

```
let propname = 'section';
let obj = {
    [propname + 1]: '', ...... 変数の値に数値を連結したものを名前に
    [propname + 2]: '',
    [propname + 3]: '',
};
console.log(obj);
```

2つ目はプロパティの短縮表記というものです。変数に値を入れている場合、変数を書くだけで「変数名:'値'」のプロパティを記述できます。

```
let url = 'https://example.com';
let obj = {
  url, ················「url: 'https://example.com'」となる
};
console.log(obj);
```

POINT

短縮表記を使わない場合、この部分は「url: url,」と書くことになります。プロパティ名はurlで、値は変数urlの内容にしろという意味です。

よくあるエラー対策を減らす演算子

最後にES2020で追加された、オプショナルチェーン演算子とNull合体演算子を紹介します。JavaScriptに限った話ではないのですが、プログラムの実行中に、オブジェクトの生成・取得に失敗してundefinedやnullが返ってきたり、想定していない型のオブジェクトが返ってきたりすることがあります。その場合、そのままオブジェクトのプロパティやメソッドにアクセスしようとすると、エラーでプログラムが停止してしまいます。今回紹介する2つの演算子は、**undefinedやnullが返ってきたときの対処**を簡易化します。

POINT

JavaScriptのプログラムでエラーが発生した場合、コンソールにエラーメッセージが表示されますが、Webページには目立つ影響はありません。しかし、プログラムは止まってしまっているので、操作しても反応しなくなります。

```
⊘ ▶Uncaught TypeError: Cannot read properties of undefined (reading 'fgh')
       at c9_4_4.js:2
>|
```

. （ドット）演算子を使って、プロパティやメソッドをつなげていくことをチェーンといいますが、チェーンの途中に中身がundefinedのプロパティがあると、エラーで停止します。ここで**オプショナルチェーン演算子の?.（ハテナとドット）**を使うと、プロパティの中身がundefinedやnullだったときに、エラーを出さずにundefinedを返します。if文でプロパティの存在チェックをする場合に比べて、かなり短く済ませられます。

```
let abc = {};  ················· 空のオブジェクトを変数abcに代入
// 事前にプロパティの有無をチェックする場合
if(abc.cde){  ················· abcはcdeプロパティを持っているか？
  if (abc.cde.efg) {  ··· abc.cdeはefgプロパティを持っているか？
    console.log(abc.cde.efg);···ここでようやくプロパティを利用
  }
}
// オプショナルチェーン演算子を使う場合
console.log(abc.cde?.efg);  ······ エラーにならずundefinedを返す
```

次のように書くと、メソッドがundefindではないときのみ呼び出すことができます。

```
abc.cde?.();  ··········· cdeメソッドが存在するときのみ実行
```

もう1つの**Null合体演算子**は、式がnullやundefinedを返したときに、代わりにデフォルトの値を返すというものです。**??（ハテナ2つ）**の左辺に実行したい式を書き、右辺にデフォルトで返す値を書きます。次の例は、関数の呼び出し結果がundefinedだったら、代わりに「default」という文字列を変数に入れています。

```
let testFunc = () => {
  return undefined;  ····················· 常にundefinedを返す関数を定義
};
let result = testFunc() ?? 'default';  ···「default」が代入される
console.log(result);
```

オプショナルチェーン演算子と組み合わせて使うこともできます。次の例はcdeというメソッドが存在すればその結果が返され、存在しなければundefinedになるので「default」が代入されます。

```
let abc = {};
let result = abc.cde?.() ?? 'default';
console.log(result);
```

オプショナルチェーン (?.)
https://developer.mozilla.
org/ja/docs/Web/Java
Script/Reference/
Operators/Optional_
chaining

Null 合体 (??)
https://developer.mozilla.
org/ja/docs/Web/Java
Script/Reference/
Operators/Nullish_
coalescing_operator

9
章
▼
JavaScript の新しい構文

この例のtestFunc関数は常にundefinedを返すが、もちろん実際にそんな関数を書くことはないぞ

達成目標 **60** 秒

正しい説明を3択から選べ

正しいものに丸を付けてください。

1

① asキーワードを使うとエクスポートされていない関数をインポートできる。

② プログラム全体を関数定義で囲むとモジュールになる。

③ export/importはWebサーバーを介して利用する。

2

① 残余引数とスプレッド構文の働きは同じである。

② 残余引数で配列を連結できる。

③ スプレッド構文で配列を連結できる。

3

① オプショナルチェーン演算子はプロパティには使えるが、メソッドには使えない。

② Null合体演算子は、オブジェクトリテラルのプロパティの短縮表記である。

③ Null合体演算子は文字列以外を返すことができる。

9章 ▼ JavaScriptの新しい構文

10章

ドキュメントと
エラーを読む

「初心者」を卒業する目安の1つは、公式ドキュメントや
エラーメッセージを自力で読み解けるようになることで
す。ここではMDN Web Docsの読み方や、よくあるエ
ラーメッセージの意味と対処方法を説明します。

MDN Web Docsを
読み解く

JavaScriptで公式ドキュメントに相当するのがMDN Web Docsです。これが読めるようになれば、自力でJavaScriptの知識を深められます。

MDN Web Docsとは

公式のオンラインドキュメントと、エラーメッセージが自力で読めるようになれば、その言語の入門レベルは卒業したといえます。JavaScriptの公式ドキュメントに当たるのは、**ECMAの仕様書**です。ただしすべて英語で、言語仕様外のDOM APIなどには触れられていません。

免許皆伝まであとひと
押しだ

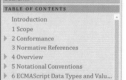

ECMA-262, 12th edition, June 2021
ECMAScript® 2021
Language Specification

INTERNATIONAL

About this Specification

The document at https://tc39.es/ecma262/ is the most accurate and up-to-date ECMAScript specification. It contains the content of the most recent yearly snapshot plus any finished proposals (those that have reached Stage 4 in the proposal process and thus are implemented in several implementations and will be in the next practical revision) since that snapshot was taken.

Contributing to this Specification

参考URL

ECMAScript® 2021
Language Specification
https://262.ecma-
international.org/12.0/

そこで、一般的に公式ドキュメント代わりに利用されているのが、**MDN Web Docs** です。Firefoxの開発元Mozillaが運営するサイトですが、標準仕様に基づいているので他のWebブラウザにも適用可能であり、現在はGoogleやMicrosoftも協力する統一ドキュメントとなっています。JavaScriptだけでなく、DOM API、HTML、CSSなどのWeb技術全般の情報がまとめられているため、並行して情報収集することができます。

Web技術の情報はすぐに古くなるため、わかりやすく説明されていても正しいとは限りません。MDN Web Docsは常に最新情報を保つよう更

POINT

MDN は Mozilla Developer Network の略です。

新され続けているため、情報の裏を取るのに最適です。

 参考URL

MDN Web Docs
https://developer.mozilla.
org/ja/docs/Web

POINT

左図のページは、MDN Web Docs内の「Web technology for developers」の日本語版です。英語で表示された場合は、ページ下部にある「Change your language」のリストで日本語表示に切り替えられます。

MDN Web Docsを探索する

MDN Web Docsは右上の検索ボックスで検索しながら必要な情報を探すのが一般的ですが、全体像を把握するためにあえて階層に沿って見ていきましょう。

「開発者向けのウェブ技術」ページは「**ウェブ開発者のためのドキュメント**」と「**ウェブ技術のリファレンス**」に分かれており、前者は入門書に相当するチュートリアル、後者は辞書的なリファレンスです。リファレンスは、「Web API」「HTML」「CSS」「JavaScript」「SVG」などに分かれています。おそらく多くのJavaScript入門者が読みたいのは、**Web API**でしょう。Web APIには、DOM API（8章参照）に代表される、Webブラウザが持つさまざまな機能のAPIの情報がまとめられています。

「Web API」に進むと、「仕様書」の見出しの下に、APIがアルファベット順に並べられています。アニメーションに関するものや、クリップボードにアクセスするもの、ビデオ通話を行うものなど、Webブラウザには

注意

「Web API」という用語は、Webサーバが機能を提供する窓口という意味でも使われます。ただしMDN Web Docs上のWeb APIは、Webブラウザが持つ機能全般の窓口を指します。

非常に多くの機能があることがわかります。

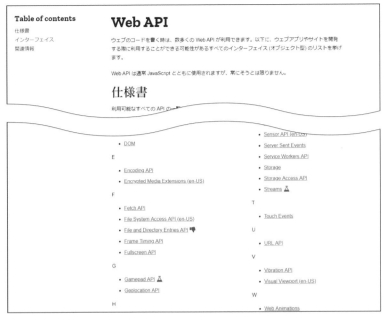

Web API はこんなにた
くさんあるのだ！

POINT

APIの横のアイコンは、サ
ムズダウンなら非標準（ブ
ラウザ独自機能）、ゴミ箱
なら非推奨（廃止の可能性
がある）、フラスコなら実
験的な仕様を意味します。
いずれも原則的に仕事では
使わないほうがいいもので
す。

　ここでは8章でも紹介したDOM APIのElementオブジェクトについ
て調べてみましょう。APIの一覧の「DOM」をクリックし、DOMインター
フェイスの「Element」を探してクリックします。

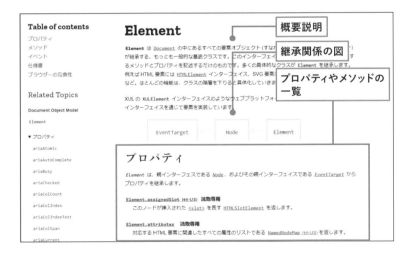

　一番上にある図は、Elementインターフェース（Elementオブジェク
ト）が、NodeインターフェースやEventTargetインターフェースを継承
していることを表しています。つまり、NodeやEventTargetのプロパ
ティ、メソッドも使えるということです。

POINT

「インターフェース」は、
そのオブジェクトがどんな
プロパティやメソッドを持
つかを表すものです。大ま
かにいえば、オブジェク
トやクラスと同じく「オブ
ジェクトの種類」を表す用
語です。

そのあとは、プロパティ、イベントハンドラー、メソッド、イベントなどが列挙されています。スクロールしながら探してaddEventListenerメソッドの説明を見てみましょう。

　8章で説明したtypeとListener以外にも省略可能ないくつかの引数があり、戻り値（返値）がundefinedであることがわかります。引数と戻り値さえわかれば、メソッドを使うのは難しいことではありません。いろいろなメソッドについて調べてみましょう。

　ちなみに、addEventListenerの「返値」の説明のあとに「**使用方法のメモ**」があり、そこにはaddEventListenerメソッドを使うにあたってのさまざまな注意やヒントが書かれています。悩んでいる問題を解決する役に立つこともあるので、時間に余裕があれば眺めてみてください。

10章 ▼ ドキュメントとエラーを読む

ドキュメントの説明文の意味を選べ

MDN Web Docsからの引用文を見て、
その意味を正しく表している文に○を付けてください。

1

「*for...of*」より引用
for...of 文は、反復可能オブジェクト、たとえば組込みの *String*, *Array*, 配列状オブジェクト (例えば *arguments* や *NodeList*), *TypedArray*, *Map*, *Set*, およびユーザー定義の反復可能オブジェクトなどに対して、反復的な処理をするループを作成します。これはオブジェクトのそれぞれの識別可能なプロパティの値に対して、実行される文を表す独自の反復フックを呼び出します。
https://developer.mozilla.org/ja/docs/Web/JavaScript/Reference/Statements/for...of

① **すべてのオブジェクトは反復可能オブジェクトである**

② **NodeListは反復可能オブジェクトである**

③ **argumentsは配列である**

2

「*String*」より引用
JavaScript では、*String* オブジェクトとプリミティブ文字列は区別されることに注意してください。(*Boolean* や *Number* にも同じことが言えます。)
文字列リテラル (二重引用符または単一引用符で示されます)、および *String* 関数をコンストラクター以外の場面で (すなわち *new* キーワードを使わずに) 呼び出した場合はプリミティブの文字列になります。*JavaScript* では、必要に応じてプリミティブの文字列が自動的に *String* オブジェクトに変換されるので、プリミティブの文字列に対して *String* オブジェクトのメソッドを使用することができます。プリミティブの文字列に対して、メソッドの呼び出しやプロパティの参照が行われようとした場合、*JavaScript*は自動的にプリミティブの文字列をオブジェクトでラップし、メソッドを呼び出したりプロパティの参照を行ったりします。
https://developer.mozilla.org/ja/docs/Web/JavaScript/Reference/Global_Objects/String

① **文字列リテラルとプリミティブ文字列は同じものである**

② **プリミティブ文字列でもStringオブジェクトのメソッドを呼び出せる**

③ **String関数はnewキーワードを省略できない**

3

「*EventTarget.addEventListener()*」より引用

options 省略可

　対象のイベントリスナーの特性を指定する、オプションのオブジェクトです。次のオプションが使用できます。

　capture

　　Boolean 値で、この型のイベントが *DOM* ツリーで下に位置する *EventTarget* に配信される前に、登録された *listener* に配信されることを示します。

https://developer.mozilla.org/ja/docs/Web/API/EventTarget/addEventListener

① このメソッドはoptions型のオブジェクトを使用できる

② optionsにはオブジェクトを指定できる

③ captureという名前の引数を指定できる

4

「*Response.json()*」より引用

返値

JavaScript オブジェクトに解決される *Promise*。このオブジェクトは、オブジェクト、配列、文字列、数値など、*JSON* で表現できるものであれば何でもなります。

https://developer.mozilla.org/ja/docs/Web/API/Response/json

① メソッドの戻り値はJavaScript型のオブジェクトである

② JSON形式の文字列を取得できる

③ thenメソッドによってオブジェクトを取得する

※ヒント：Promiseオブジェクトについては9章のP.192で解説しています。

5

「*Array.prototype.splice()*」より引用

引数

start

配列を変更する先頭の位置です。

配列の長さより大きい場合、*start* は配列の長さに設定されます。この場合、削除される要素はありませんが、このメソッドは追加関数として動作し、提供された *item[n*]* の数だけ要素を追加します。

https://developer.mozilla.org/ja/docs/Web/JavaScript/Reference/Global_Objects/Array/splice

① 引数startを配列の長さより大きくしてはいけない

② このメソッドは配列に要素を追加できる

③ 追加関数はアロー関数式で定義する

エラーメッセージの見方

ここまでの学習中にエラーメッセージに遭遇した人も多いでしょう。あらためて
エラーメッセージの見方や、一般的な解決方法などを掘り下げてみましょう。

エラーの種類

プログラムに何らかの問題がある場合は、エラーメッセージを出して停止します。プログラムを実行可能にするには、エラーメッセージと発生場所を確認して、修正しなければいけません。

エラーが発生しているかどうかは、コンソールを表示しないとわからない

エラーは、「変数に代入した値が不適切」「メソッド名が間違っている」「オブジェクトの生成・取得に失敗した」などさまざまな原因で起きます。以下に、基本的なエラーの種類を挙げます。

基本的なエラー

エラー名	説明
EvalError	eval関数に関して発生するエラー
RangeError	数値変数または引数がその有効範囲外である場合に発生するエラー
ReferenceError	不正な参照から参照先の値を取得したときに発生するエラー
SyntaxError	構文エラー
TypeError	変数または引数の型が有効でない場合に発生するエラー
URIError	encodeURI関数またはdecodeURI関数に不正な引数が渡されたときに発生するエラー

この中でよく見かけるのは、ReferenceError、SyntaxError、TypeErrorの3つでしょう。3つのエラーの原因や対処法について説明していきます。

POINT

表に挙げたエラーのほかに、各種API独自のエラーがあります。例えば現在地情報を取得するGeolocation APIならPositionErrorという具合です。

SyntaxError

SyntaxError（構文エラー）は、JavaScriptエンジンがプログラムを解釈できないときに発生します。次の例は、for...of文のカッコを忘れているために、SyntaxErrorが発生しています。単純ミスが原因となることが多いので、注意するしかありません。

SyntaxErrorの説明はわかりにくいので、発生場所を注意して見て原因を探そう

```
> for x of lst {}  ⋯⋯⋯⋯⋯⋯⋯⋯⋯ 条件式のカッコを忘れている
Uncaught SyntaxError: Unexpected identifier
```

ReferenceErrorとTypeError

ReferenceError（参照エラー）は「不正な参照から参照先の値を取得したとき」に発生します。例えば次の例は、コンソールに「obj.mymethod()」と入力して実行した結果です。objという変数もmymethodというメソッドも定義していないので、不正な参照ということになります。

```
> obj.mymethod()  ⋯⋯⋯⋯⋯⋯⋯⋯ 未定義の変数のメソッドを呼び出す
Uncaught ReferenceError: obj is not defined
    at <anonymous>:1:1
```

このReferenceErrorの原因は、エラーメッセージにあるように、**obj が定義されていない**（**obj is not defined**）ことです。単に「obj」とだけ入力して実行した場合も同じエラーが発生します。mymethodメソッドを呼び出したことは関係ありません。

変数objを定義してから「obj.mymethod()」を実行すると、今度は **TypeError**（型エラー）が発生します。TypeErrorは「型」、すなわち「オブジェクトの種類」が不適切な場合に発生するエラーです。

```
> let obj;  ⋯⋯⋯⋯⋯⋯⋯⋯⋯⋯⋯⋯⋯ 変数objを定義
> obj.mymethod();  ⋯⋯⋯⋯⋯⋯⋯ mymethodメソッドを呼び出す
Uncaught TypeError: Cannot read properties of undefined
(reading 'mymethod')
    at <anonymous>:1:5
```

変数objには何も代入していないので、その内容は**undefined**（アンデファインド）という特殊な値になります。undefinedはプロパティを持てないため、「**undefinedのプロパティが読み取れない**（**Cannot read properties of undefined**）」と警告されます。

POINT

エラーメッセージの「at」以降は発生場所を表します。コンソールで実行した場合は匿名を意味する「<anonymous>」になります。

POINT

7章で説明したように、メソッドとはプロパティに関数オブジェクトを代入したものです。

POINT

undefinedのプロパティに代入しようとした場合は、「Cannot set properties of undefined」と表示されます。

変数objに空のオブジェクトを代入すると、同じTypeErrorですが、メッセージが少し変わります。

```
> let obj = {};  ……………… オブジェクトを作成して変数objに代入
> obj.mymethod();  ……………… mymethodメソッドを呼び出す
Uncaught TypeError: obj.mymethod is not a function
    at <anonymous>:1:5
```

mymethodメソッドは未定義のままですが、オブジェクトは存在するのでobj.mymethodまで書くことは問題ありません。ただし、カッコを付けると関数呼び出しになるため、「**関数ではない（is not a function）**」と警告されます。これはつまり、「mymethodメソッドが定義されていない」という意味です。

注意

JavaScriptでは、存在しないプロパティにアクセスしてもエラーにはなりません。エラーになるのはundefinedのプロパティにアクセスしたときか、メソッドとして呼び出そうとしたときです。

関数の呼び出し履歴をたどってエラー原因を探す

エラーメッセージのatの部分には、エラーが発生しているファイル名や行番号が表示されます。ただし、関数やメソッドを作成している場合は、エラーの発生場所にエラー原因があるとは限りません。

次のプログラムでは、日付文字列を受け取ってDateオブジェクトを返す関数を定義しています。しかし、実行するとエラーが発生してしまいます。

POINT

getDateObj関数は、ハイフン区切りの日付文字列を受け取り、まずそれをsplitメソッドで分割します。月数は0から始まるのでvalues[1]から1を引き、それをDateコンストラクタに渡します。引数を渡す際にスプレッド構文を使っています。

▶ **c10_2_1.js**

```
001  let getDateObj = (datestr) => {  ……………… 関数定義
002      values = datestr.split('-');
003      values[1] -= 1;
004      return new Date(...values);
005  };
006
007  let datestr = 2021 - 1 - 1;  ……………… 日付文字列の用意
008  let dateobj = getDateObj(datestr);  ……… 関数呼び出し
009  console.log(dateobj);
```

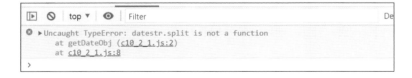

エラーメッセージを見ると、atが2つ表示されています。これはエラーの発生箇所はgetDateObj関数の定義内の2行目ですが、getDateObj関数は8行目から呼び出されていることを表しています。ですから、エラーの原因はgetDateObj関数の定義内かもしれませんし、呼び出し元にあるのかもしれません。

正解をいってしまうと、このエラーの原因は、7行目で変数datestrに文字列の'2021-1-1'を代入するつもりで、クォートを忘れて2021 - 1 - 1を代入している点にあります。これは引き算の式と解釈されるため、変数datestrには2019が入ります。数値なので文字列用のsplitメソッドは利用できず、TypeErrorが発生するのです。

注意

関数からさらに関数を呼び出している場合、atの数も増えていきます。JavaScriptフレームワークやライブラリを使用していると、呼び出し履歴がかなり深くなることがあります。

c10_2_1.js の2行目、getDateObj 関数内 ── エラー発生箇所

```
values = datestr.split('-');
```

c10_2_1.js の7行目 ── 原因 　　呼び出し

```
let datestr = 2021 - 1 - 1;
```

c10_2_1.js の8行目 ── 呼び出し元

```
let dateobj = getDateObj(datestr);
```

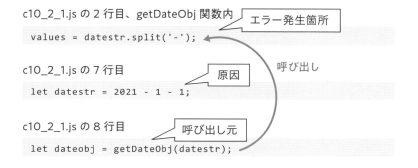

エラーの原因は、エラーメッセージに表示された2行目と8行目のどちらでもありませんでしたが、どちらかの付近にあるとは予測できます。2行目と8行目のあとの行が原因になることはありえないので、そこから1行目か7行目にエラー原因があると絞り込めます。

このように関数の呼び出し履歴を見ても、エラー原因を突き止めるのは簡単とは限らないのですが、手がかりにはなります。エラーが発生してもパニックにならず、落ち着いて呼び出し履歴をたどりながら、原因を探していきましょう。

忍者と同じく、エラーの原因もどこかに潜んでいるのだ

達成目標 **60**秒

エラー文を見て、その意味を
3択から選べ

エラーメッセージを見て、その意味を表すものに丸を付けてください。

```
Uncaught SyntaxError: Unexpected token ')'
```

① 予期せぬ「)」が出現した

② 「)」が抜けている

③ 「)」と話すことは期待されない

1

```
Uncaught TypeError: Cannot set properties of undefined
(setting 'myproperty')
```

① プロパティにundefinedをセットできない

② undefinedのプロパティを読み取れない

③ undefinedのプロパティに値をセットできない

2

```
Uncaught TypeError: datestr.split is not a function
```

① splitプロパティが機能していない

② splitメソッドが定義されていない

③ splitメソッドは関数オブジェクトである

3

```
Uncaught SyntaxError: Identifier 'x' has already been declared
```

① 識別子「x」が重複して宣言されている

② 事前に識別子「x」を宣言しなければならない

③ 識別子「x」を持つメソッドを宣言せよ

⏳ 達成目標　60 秒

エラーメッセージを見て、修正指示を書き込め

エラーメッセージを見て、プログラムに修正指示を書き込んでください。

```
let x => 10;
```

Uncaught SyntaxError: Unexpected token '=>'

1
```
let testfunc = () {
    console.log('Test!');
};
```
Uncaught SyntaxError: Unexpected token ')'

2
```
let lst = ['a', 'b', 'c'];
for v of lst{
  console.log(v);
}
```
Uncaught SyntaxError: Unexpected identifier

3
```
let lst = [a, 'b', 'c'];
```
Uncaught ReferenceError: a is not defined

10章
▼
ドキュメントとエラーを読む

⏳ 達成目標 **200** 秒

呼び出し履歴をたどって
エラー原因を探せ

発生しているエラーの原因と思われる部分に下線を引いてください。

```
let splitDateStr = (datestr) => {
  return datestr.split('-');
};


let datestr = 2021 - 1 - 1;
result = splitDateStr(datestr);
```

Uncaught TypeError: datestr.split is not a function
　　at splitDateStr (…….js:2)
　　at …….js:6

1

```
let getSpan = (stdate, eddate) => {
  let span = eddate.getTime() - stdate.getTime();
  return span;
};


let st = '2020-1-5';
let ed = '2020-2-1';
let span = getSpan(st, ed);
console.log(span);
```

Uncaught TypeError: eddate.getTime is not a function
　　at getSpan (…….js:2)
　　at …….js:8

```
let hasUnderbarClassName = (elem) => {

  return elem.className.indexOf('_') >= 0;

};


let elem = document.querySelector('.chapter_name');

console.log(hasUnderbarClassName(elem.className));
```

2

Uncaught TypeError: Cannot read properties of undefined (reading 'indexOf')
    at hasUnderbarClassName (…….js:2)
    at …….js:6

```
let hasUnderbarClassName = (elem) => {

  return elem.className.indexOf('_') >= 0;

};


let elem = document.querySelector('.chapter_name');

elem.addEventListener('click', (event) => {

  console.log(hasUnderbarClassName(event));

});
```

3

Uncaught TypeError: Cannot read properties of undefined (reading 'indexOf')
    at hasUnderbarClassName (…….js:2)
    at HTMLParagraphElement.<anonymous> (…….js:7)

※hasUnderbarClassName関数は、要素のクラス名にアンダーバーが含まれていればtrueを返します。

try...catch文で
エラー対応処理を書く

プログラム実行時に遭遇するエラーに対処するために、try...catch文が用意されています。

try...catch文でエラー対応する

プログラム実行中にエラーが発生したら、起きないようにプログラムを修正すべきです。しかし、プログラムの修正では避けられないこともあります。例えば、非同期通信でサーバー側が原因でエラーが発生した場合や、ユーザーがフォームに入力したデータが不適切でエラーになった場合などは、プログラムの修正では回避できないことがあります。そのために用意されているのが、**try...catch文**です。

try...catch文は、tryブロック内でエラーが発生した場合、catchブロックにジャンプします。tryブロック内に実行したい処理を書き、catchブロック内にエラー対応処理を書けば、エラー対応ができます。

実行中のエラーのことを「例外（Exception）」ともいうぞ

▶ try文の書式

```
try {
    実行したい処理
} catch (err) {
    エラー対応処理
}
```

9章で作成した非同期通信を行うc9_2_2.jsに、try...catch文を組み込んでみましょう。エラーが発生した場合は、HTML上の要素にエラーメッセージを表示するようにします。これでコンソールをわざわざ見なくても、エラーが起きたことがわかります。

 参考URL

try...catch
https://developer.mozilla.
org/ja/docs/Web/
JavaScript/Reference/
Statements/try...catch

▶ chap10_3_1.js

```
001  async function getTestJSON(url) {
002      try {·····························tryブロック開始
003          let response = await fetch(url);
004          let data = await response.json();
```

```
005        let result = document.querySelector('#result');
006        result.innerText = data['text'];
007    } catch (err) {  ·················· catchブロック開始
008        let result = document.querySelector('#result');
009        result.innerText = err; ········ エラーメッセージを表示
010    }
011 }
012
013 getTestJSON('/chap9/test2.json'); ········ 存在しないJSON
    ファイルを指定
```

エラーが発生するとcatchブロックの変数errに、Errorオブジェクトが入ります。ここにコンソールに表示されるのと同様のエラー情報がまとめられています。catchブロック内でErrorオブジェクトをHTML上に反映します（HTMLファイルでid属性がresultの要素を用意しています）。

VSCodeのLiveServerを使わずにWebページを表示すると、TypeErrorが表示されます。

LiveServerを使用した場合は通信自体には成功しますが、JSONファイルのダウンロードに失敗する（test2.jsonというファイルを用意していない）ため、JSONの解析が失敗してSyntaxErrorが表示されます。

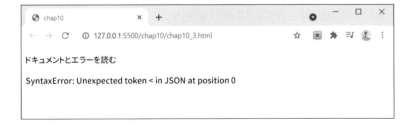

通信エラーに正しく対処する

try文によってエラーを取得することはできていますが、ファイルが存在しないのにSyntaxErrorが表示されるのは、ユーザーに示すエラーメッセージとして的外れですね。ちゃんと通信エラーを表示するようにしてみましょう。

POINT

try...catch文はfinallyブロックを付けることができます。このブロックの処理はエラーが発生してもしなくても実行されます。後始末の処理が必要な場合などに使います。

POINT

JavaScriptにはエラーの種類ごとにcatchブロックを分ける構文がありません。MDN Web Docsのtry..catch文の解説には、if文とinstanceof演算子を使って、catchブロック内でErrorオブジェクトの種類を区別する方法が掲載されています。

fetch関数による通信が失敗した場合、戻り値のResponseオブジェクトにその情報が入ります。通信成功か失敗かがokプロパティに入り、statusプロパティに**HTTPステータスコード**という番号が入ります。これらをチェックして、通信に失敗した場合は、SyntaxErrorの代わりにステータスコードを表示するようにしましょう。

POINT

Webブラウザを利用しているときに、たまに「404(Not Found)」と表示されることがあります。この404がHTTPステータスコードです。

> **chap10_3_2.js**

```
001  async function getTestJSON(url) {
002    try {
003      let response = await fetch(url);
004      if (!response.ok) {··········okプロパティがfalseだったら
005        throw new Error( ··········独自のエラーを発生
006             `HTTP error! status: ${response.status}`);
007      }
008      let data = await response.json();
009      let result = document.querySelector('#result');
010      result.innerText = data['text'];
011    } catch (err) {
012      let result = document.querySelector('#result');
013      result.innerText = err;
014    }
015  }
016
017  getTestJSON('/chap9/test2.json');
```

新たに追加した「throw new Error()」の部分は、独自のエラーメッセージを持つErrorオブジェクトを作成して、**throw文**を使ってエラーを発生させています。throw文でエラーが発生した場合も、catchブロックの処理に進みます。

```
ドキュメントとエラーを読む

Error: HTTP error! status: 404
```

これで通信エラーをわかりやすく表示できるようになりました。ステータスコード「404」はファイルが見つからないことを意味します。

try...catch文とthrow文は、もちろん非同期通信以外にも使えるぞ

ミッションの
解答・解説

式を見て処理順を示せ①

1
$$1 + 2 * 3$$
② ①

2
$$(1 + 2) * 3 * 4$$
① ② ③

3
$$1 * 2 * 3$$
① ②

4
$$1 + (2 * 3) * 4$$
③ ① ②

5
$$1 + 2 - 3$$
① ②

6
$$1 + (2 + 3) * 4$$
③ ① ②

7
$$1 / 2 + 3 * 4$$
① ③ ②

8
$$1 + 2 * 3 * 4 + 5$$
③ ① ② ④

9
$$1 / 2 * 3 * 4 + 5 * 6 - 7$$
① ② ③ ⑤ ④ ⑥

10
$$1 * 2 - 3 * (4 + 5) * 6 - 7$$
② ⑤ ③ ① ④ ⑥

カッコ内の計算を優先して処理すること、掛け算・割り算の演算子は足し算・引き算の演算子よりも優先して処理することが原則です。

式を見て計算結果を示せ

1
$$1 + (2 * 3) * 4$$
6
24
25

2
$$1 / 2 + 3 * 4$$
0.5   12
12.5

3
$$1 / 2 * 3 + 4 + 5 * 6 - 7$$
0.5   30
1.5
5.5
35.5
28.5

4
$$1 * 2 - 3 * (4 + 5) * 2 - 7$$
2   9
27
54
-52
-59

5
$$1 + (2 * 3) * (4 + 5) * 2$$
6   9
54
108
109

6
$$(1 + 2) - 3 * (4 - 5) * 6$$
3   -1
-3
-18
21

カッコ内の計算を先に行うことと、負数の計算に注意してください。

プログラムを見て変数に印を付けろ

1
```
let text = 'Hello';
console.log(text);
```

2
```
let year = 2019;
let wareki = year - 2018;
console.log(year);
console.log(wareki);
```

3
```
let price = 1000;
let quantity = 10;
let sales = price * quantity;
console.log(sales);
```

4
```
let sales = 9980;
let payment = 10000;
let change = payment - sales;
console.log(payment);
console.log(change);
```

大まかな目安として、後ろにカッコが付いていれば関数名、付いていなければ変数名です。

適切な変数名を選択せよ

1
②

日本語の変数名も使用できますが、推奨はできません。

2
③

①、②は数字から始まっているのでエラーになります。

3
①

③はスネークケース（単語の間をアンダースコアでつなぐ）になっていて変数名としては不適切です。②はアンダースコア以外の記号が含まれているのでエラーになります。

4
①

②と④は予約語、③は不適切な記号が含まれています。

演算子の合成記法の結果を示せ

1
1

初期値の0に1を足すので結果は1になります。

2
5

初期値の10から5を引くので結果は5になります。

3
2

初期値の10を5で割るので結果は2になります。

4
11

初期値の10にインクリメント演算子で1が加えられて結果は11になります。

山川

演算子の合成記法 += は文字列の連結にも使えます。

6

900

1、2行目でpriceには1000が、discountには100
が代入されているので、3行目で1000 - 100の結果
がpriceに代入されます。

---

mission 2-06　エラーの原因を選べ

1

③

インクリメント演算子は変数に入っている値に1を
加えたものを再代入します。1行目でconstで宣言
した変数に対して、2行目でインクリメント演算子
で値を再代入した結果、エラーが発生しています。

2

②

1行目で変数priceを宣言していますが、3行目では
pricと書いているため、定義していない変数が使用
されたというエラーが発生しています。

3

①

classは予約語なので、この名前の変数を宣言する
ことはできません。

4

①

1、2行目で変数1price、2priceを宣言していますが、
数字から始まる変数名は使用できません。

5

②

2行目で宣言した変数letを、5行目でキーワードletでもう一度宣言しようとしているため、エラーが発生しています。

---

mission 3-01　プログラムを見て関数・メソッドに印を付けろ

1

```
alert('メッセージに表示されます');
console.log('コンソールに表示されます');
```

2

```
let txt = prompt('Input something: ');
console.log(txt, 'was input');
```

3

```
let price = parseInt(prompt('税抜価格を数字で入力: '));
let tax = price * 0.1;
console.log('消費税額:', tax);
```

```
4    let width = parseInt(prompt('四角形の底辺は？ '));
     let height = parseInt(prompt('四角形の高さは？ '));
     let square = width * height;
     console.log('四角形の面積は', square);
```

mission2-03とは逆に、直後にカッコで引数を受け取っているものが関数・メソッドであると考えるとよいでしょう。

mission 3-02 式を見て処理順を示せ②

1   '入力結果：' + prompt()
                  ②   ①

2   let square = width * height
                ②   ①

3   let circle = parseInt(prompt('半径は？ ') ** 2 * 3.14)
                ⑤ ④   ①   ② ③

4   console.log(parseInt('4' + '2') + 42)
            ④   ②   ①   ③

5   console.log('2倍にすると' + parseInt(prompt('数を入力：')) * 2)
            ⑤   ④   ②   ①   ③

カッコがあればその中の処理を優先します。また、演算子による計算よりも関数・メソッドのほうが先に処理されます。

mission 3-03 式を見て処理順を示せ③

1   ! true && true
     ①   ②

2   true || ! false && true
           ③ ①   ②

3   (true || ! false) && true
           ② ①   ③

4   12 < a + i && a + i < 20
        ③   ①   ②   ④

5   text !== password || text === ''
          ①   ③   ②

6   text !== '山' || text !== '川' || text === ''
          ①   ④   ②   ⑤   ③
```

227
```

⑤ ② ⑧ ⑥ ③ ⑦ ④ ①
! a < 16 || ! 65 < a && a < i + 99

大まかには、数値計算の演算子→比較演算子→論理演算子の順番で処理されます。論理演算子では！(NOT) → && (AND) → ||(OR) の順番で優先順位があることを覚えておきましょう。式があまりにわかりにくくなる場合はカッコで優先順位を明示するか、結果をいったん変数に代入するなどの対応が望ましいです。

mission 3-04　出力結果は true か false か

1

true

「100 >= 100」は「100は100以上か」という意味であり、結果はtrueになります。

2

true

「100 < 100」の結果はfalseであり、論理演算子！(NOT) で反転されてtrueになります。

3

false

変数textと文字列'password'は等しいので、厳密な不等価演算子!== (P.65) で比較した結果はfalseになります。

4

true

変数ageには数値21が入っており、右辺の数値20以上なので結果はtrueになります。

5

false

論理演算子&& (AND) は右辺と左辺のどちらかがfalseならばfalseを返します (P.66)。

6

true

論理演算子|| (OR) は右辺と左辺のどちらかがtrueならばtrueを返します (P.67)。

7

false

論理演算子！(NOT) が && (AND) より優先されて、変数flgには「false && true」の結果であるfalseが代入されます。

8

true

論理演算子&& (AND) が || (OR) より優先されて「true || false」の結果が変数flgに格納されます。

9

true

2行目は変数textの値が'山'または'川'であればtrueを返します。1行目で変数textには'山'が代入されているので、結果はtrueになります。

10

false

論理演算子についてもカッコの中の演算が優先されます。「true || false」の結果はtrueであるため、「true && true」の結果が変数flgに代入されます。2行目で論理演算子！(NOT) によってflgの値が反転していることにも注意してください。

11

false

2行目は、変数flgの値が18より小さい、または65より大きい場合にtrueになります。数値65は、65より大きいという条件に当てはまりません。

12

true

厳密な等価演算子 (===) は、アルファベットの小文字と大文字は別のものとして扱います。よって、'ninja' と 'NINJA' を比較した結果はfalseです。

true

3行目では、変数scoreと変数bastScoreを使って「72 >= 70」という比較を行っています。よって、結果はtrueです。

true

2行目で、変数bmiが18.5以上かつ25未満であるかを判定しています。数値21.5はこの条件に当てはまるので、結果はtrueです。

mission 3-05 コードを見てフローチャートを書け

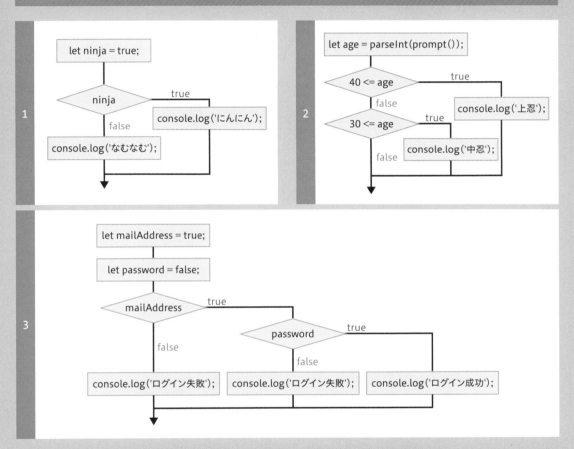

条件分岐のひし形から矢印を書く際、ここではtrueの矢印を右に伸ばしていますが、方向については特に決まりはありません。

出力結果を書け①

1
梅
配列 grade のインデックス[2]の要素は'梅'なので、この文字列が表示されます。

3
冥王星
pop メソッドによって、配列 planetArray の末尾の要素'冥王星'が変数 removed に格納されます。

2
(3) ['下忍', '中忍', '上忍']
2行目で、push メソッドによって配列 classArray の末尾に要素'上忍'が追加されています。

出力結果を書け②

1
7
配列の length プロパティ (P.90) には、要素の数が格納されています。配列 week には7つの要素があるので、結果は7です。

3
7
配列の lastIndexOf メソッド (P.91) は指定した引数が登場する最後のインデックスを、indexOf メソッド (P.91) は最初のインデックスを返します。よって、「10 - 3」の結果が表示されます。

5
(5) ['久馬', '浅越', 'ギブソン', 'なだぎ', '鈴木']
2行目で、splice メソッド (P.92) で配列に要素を追加しています。splice メソッドは1つ目の引数に指定したインデックス[2]の位置に新しい要素を追加します。

7
(2) ['徳川', '小早川']
2行目では、slice メソッド (P.93) で配列 gotairou の一部を取り出して、変数 east に格納しています。slice メソッドは、2つ目の引数に指定した数値2にマイナス1したインデックス[1]までを取り出すことに注意してください。

2
true
配列の includes メソッド (P.90) は、配列に特定の値が含まれているかを判定します。配列 band1 と配列 band2 にはどちらも'George'という値が含まれているので、論理演算子 && (AND) の結果は true になります。

4
(3) ['済', '済', '洗いもの']
2行目で、fill メソッド (P.91) によってインデックス[0]からインデックス[1]までの値が'済'に更新されます。3つ目の引数に指定した値 - 1のインデックスまでが更新されることに注意してください。

6
(3) ['久馬', '浅越', 'ギブソン']
2行目の splice メソッドが要素を追加したあと、3行目の splice メソッドが要素を削除しています。2つ目の引数に数値3を、3つ目の引数に数値2を指定しているので、インデックス[3]から始めて2つの要素を削除しています。

8
(3) ['前田', '毛利', '宇喜多']
2行目の slice メソッドでは、2つ目の引数が省略されているので、自動的に配列 gotairou の末尾の要素までが取り出されます。

1

```
You say 'why',
and I say 'I don't know'
```

二重引用符 (") で囲まれた文字列の中では、引用符 (') は通常の文字として扱われます。改行文字 (\n) (P.96) は改行として表示されることにも注意してください。

2

```
JeanClaudeVanDamme
```

concat メソッド (P.102) は、引数に指定したすべての文字列をもとの文字列に連結します。

3

```
88点です
```

` (バッククォート) で囲まれたテンプレートリテラル (P.98) の中では、${…} で囲まれた部分が変数や式の内容によって書き換わります。

4

```
結果は
合格です
```

テンプレートリテラルの中に、三項演算子 (P.81) を使った式が書かれています。変数 point に代入された数値 90 は 80 以上という条件を満たすので、三項演算子に指定された 2 つ目の値 '合格' が結果として返ります。

5

```
Users\ninja\Documents\memo.txt
```

1 行目の String.raw (P.99) で書かれた文字列の中では、\ (バックスラッシュ) が通常の文字列として扱われます。
3 行目のテンプレートリテラルの中では、\ (バックスラッシュ) は特殊文字として扱われるので、2 つ連続した \\ は 1 つの \ (バックスラッシュ) として表示されます。

6

```
古池や
蛙飛びこむ
水の音
```

replaceAll メソッド (P.101) によって、変数 htmlText に含まれる文字列 '<br>' がすべて改行文字 (\n) に置き換えられます。

7

```
お世話になっております。
忍者です
```

trim メソッド (P.101) は、文字列の先頭と末尾にある空白文字 (スペース、改行など) を削除します。文字列の途中にある改行文字は削除されないことに注意してください数を指定します。

8

```
東京都
```

2 行目では、split メソッド (P.102) によって変数 tel を '-' で分割して配列にしてから、その配列の最初の要素が文字列 '03' であるかどうかを判定しています。

9

```
日本のドメイン
```

文字列の endsWith メソッド (P.100) は、文字列が引数に指定した値で終わっている場合に true を返します。変数 url は '.jp' で終わっているので endsWith メソッドの結果は true になり、三項演算子は 2 つ目の値である '日本のドメイン' を返します。

10

```
日本航空
```

2 行目では、変数 flightNumber を split メソッドによって分割した配列を判定に使っています。
2 行目から 12 行目の switch 文 (P.80) は、その配列の最初の要素の値によって、場合分けを行います。このプログラムでは、配列の最初の要素は 'JL' なので、'JL' の場合の処理が実行されます。

出力結果を書け④

1

50年に一度の出来

オブジェクトreviewsから、ブラケット記法でプロパティ2009の値を取り出しています。変数の名前としては数字だけの名前は使えませんでしたが、プロパティ名はこのように数字だけで設定することもできます

2

数学:98点

テンプレートリテラル（P.98）の中で、オブジェクトscoresのプロパティmathの値を参照しています。

3

false

演算子 in（P.108）を使って、オブジェクトjackson5にプロパティRandyが含まれているかどうかを検証しています。オブジェクトを定義している部分を見ると、Randyというプロパティは含まれていないので、結果はfalseになります

4

数学受験済

P.77で学んだように、数値をif文の判定に書くと、その数値が0である場合はfalse、それ以外の場合はtrueとして判定されます。オブジェクトscoresのプロパティmathの値は98なので、これをif文の判定に用いると結果はtrueになり、「数学受験済」が表示されます。

出力結果を書け⑤

1

bicycle
bicycle
bicycle

for文（P.113）の初期化式でカウンタiに0を代入し、繰り返しのたびにインクリメント演算子でカウンタiの値を1ずつ増やしています。繰り返しを続ける条件は「i < 3」なので、この条件が成り立つ3回目の繰り返しまでは文字列「bicycle」を表示します。なお、同じ文字列が繰り返しコンソールに表示される場合、文字列の左に繰り返しの回数が表示される形式になっている場合もあります。

2

0
1
4
9

for文で繰り返しが行われるあいだ、カウンタiを2乗した値を表示します。初期化式が「let i = 0」、繰り返しを行う条件が「i < 4」、事後処理が「i++」なので、カウンタiの値は0から3の範囲で増えていくことに注意してください。

3

92点です
88点です
84点です

for-of文（P.115）で、配列pointListの値を1つずつ変数pointに代入して処理を行っています。

4

松島や
ああ松島や
松島や

for文の繰り返し処理の中で、if文による判定を行っています。カウンタiの初期値は0で、繰り返しのたびに1ずつ値が増えていくので、「i === 1」の条件に当てはまるのは2回目の繰り返しの時です。

```
Alan Moore
Alan Scott
Ryan Moore
Ryan Scott
```

5

入れ子になった2つのfor文のうち、外側のfor文は配列givenNamesを対象に、内側のfor文は配列familyNamesを対象にしているため、それらの組み合わせが表示されます。

mission
5-02

どの構文を使うのが最適かを選べ

1

①

回数が決まっている繰り返しは、for文（P.113）で処理するのに適しています。

2

③

回数があらかじめ決まっていない繰り返しには、while文が適しています（P.120）。

3

②

要素を1つずつ取り出して処理を行う繰り返しは、for-of文で処理するのに適しています。

mission
5-03

出力結果を書け⑥

1

```
13
16
19
```

繰り返しの中で演算子の合成記法 += （P.47）によって変数totalの値が3ずつ増え、21より大きくなったら繰り返しを終了します。

2

```
2
4
8
16
32
```

繰り返しのたびに変数numberに2を掛けて表示し、50を超えたら終了します。

行の処理順を書け

1

```
  let exclaim = (word) => {
②   console.log(`${word}!`)
  }


① exclaim('にんにん')
```

2

```
  let addTax = (amount, taxRate) => {
③   return amount * (1.0 + (taxRate / 100))
  }



① let price = 1100
② console.log(`税込価格${addTax(price, 10)}円`)
```

3

```
   let introduceSelf = (born, grown) => {
④②   console.log(`${born}生まれ ${grown}育ち`)
   }



① introduceSelf('東京', 'HIP HOP')
③ introduceSelf('大阪', 'J-POP')
```

4

```
   let callName = (patient) => {
⑦④   return `${patient}様　診察室へお入りください。`;
   }



① let patients = ['磯野', '波野'];
⑤② for (patient of patients) {
⑥③   console.log(callName(patient))
   }
```

```
      let calculateTriangle = (base, height) => {
③      return base * height /2
       }

      let outputTriangle = (base, height) => {
5  ②    let area = calculateTriangle(base, height)
   ④    console.log(`底辺${base}cm、高さ${height}cmの三角形は${area}cm²`)
       }


①  outputTriangle(5, 10)
```

関数の中の処理は関数が呼び出されてはじめて実行されることに注意してください。

mission
6-02 出力結果を書け⑦

吾輩は犬である
wagahai 関数の引数 species には、呼び出し時に実引数が指定されなかった場合のデフォルト値として '猫' が設定されていますが、このプログラムでは関数を呼び出すときに実引数 '犬' が設定されています。

15
関数 getAverage は、呼び出し時に渡された実引数をすべて残余引数として配列 numbers にまとめます。その後、for-of 文で配列 numbers の要素を変数 sum に足し合わせてから、変数 sum を配列 numbers の要素の数（P.90 で学習した length プロパティ）で割って、引数として渡された値の平均を求めます

家が付くのは3人
関数 filterNames も、前の問題と同じく残余引数を受け取っています。2 行目の filter メソッド（P.138）は、includes メソッド（P.90）を使って文字列の中に「家」が含まれていたら true を返す無名関数を受け取っています。
配列 result の要素は、引数のうち「家」が含まれているものだけになっているので、配列 result の length プロパティの値は 3 です。

オブジェクトについて正しい説明を3択から選べ

1 ②

オブジェクトは、オブジェクトリテラル、関数、クラスのどれで定義、作成してもかまいません。そのため、①と③は誤りです。オブジェクトがプロパティの集まりであることは正しいため、③が正解です。

2 ②

Dateオブジェクトは DOM API ではなく標準組み込みオブジェクトなので、①は誤りです。また、標準組み込みオブジェクトは JavaScript の言語仕様に含まれているため、追加インストールする必要はないので③も誤りです。Node.jsでも利用できるため、②が正解です。

3 ③

コンストラクタ関数の new 演算子を省略した場合は新しいオブジェクトを作成できないので、①は誤りです。1970年1月1日以前の日付は負の値として表せるため、②も誤りです。日本標準時は UTC の9時間前なので、③が正解です。

出力結果を書け⑧

1
jiro yamada

オブジェクトリテラルでfirstname プロパティに「yamada」、lastname プロパティに「yamada」を指定したあと、obj.firstname に対して jiro を代入し、その後 getFullName メソッドを呼び出しています。getFullName は firstname と lastname を並べて表示するため、結果は「jiro yamada」となります。

2
1100

オブジェクトリテラルでtaxrate プロパティに対して 0.1 を設定し、getPrice メソッドを定義しています。getPrice メソッドは引数に 1+taxrate プロパティを掛けた結果を返すメソッドなので、引数1000を指定した場合は1000*(1+0.1) となり、結果は1100となります。

3
1100

このプログラムは問2に少し加えたもので、getPriceメソッド内でtaxrate に 0.2 を代入しています。そのため、結果は1200となるように思えますが、taxrate に this が付いていません。つまり、同名の単なる変数となるため、taxrate プロパティの値に変化はなく、結果は1100となります。

4
undefinedさん
satoさん

getSanDuke メソッドは、引数で渡された名前に「さん」を付けて表示します。しかし、最初の呼び出しでは引数が省略されているために undefined になり、「undefined さん」と表示されます。

指定した要素を取得するCSSセレクターを書け

1

#text（divでも可）

①のdiv要素にはid属性が設定されているので、id属性を指定するCSSセレクター（P.165）を書くことで取得できます。また、この要素は最初に登場するdiv要素なので、単純にタグ名を指定するだけでも取得できます。

2

p

②のp要素にはid属性もclass属性も設定されていませんが、一番最初に登場するp要素なのでタグ名を指定することで取得できます。

3

.tel

③のp要素にはclass属性が設定されているので、class属性を指定するCSSセレクターで取得できます。

メソッドで取得できる要素に下線を引け

1

```
<div class="chapter_name">HTMLを操作する</div>
<div class="chapter_name">JavaScriptの新しい構文</div>
<p>忍者です。</p>
```

querySelector関数の引数に、class属性の値を指定するCSSセレクターを渡しています。querySelector関数は条件に当てはまる最初の要素を取得することに注意してください。

2

```
<p class="chapter_name">HTMLを操作する</p>
<p id="text">この文字列を変更せよ</p>
<p>忍者です。</p>
```

条件に当てはまる要素をすべて取得するquerySelectorAll関数（P.167）に、引数としてpというタグ名を指定しているので、pタグの要素がすべて取得されます。

新しい要素が追加される場所に線を引け

1

```
<body>
  <div id="text_div">
    <p>長男</p>
  ━━━━━━━━━━━━━━━━━━━━━━━━━
  </div>
  <script src="JavaScript.js"></script>
</body>
```

JavaScriptのプログラムの1行目で、変数parentにid属性"text_div"を持つ要素が代入され、その要素の末尾に新しい子要素が追加されます。

2

```
<body>
  <div id="text_div">
  ━━━━━━━━━━━━━━━━━━━━━━━━━
    <p>次男</p>
    <p>三男</p>
  </div>
  <script src="JavaScript.js"></script>
</body>
```

JavaScriptのプログラムの1行目で変数referenceには最初に登場するp要素が代入され、2行目でreferenceの親要素が変数parentに代入されています。
4行目のinsertBeforeメソッドは、1つ目の引数に指定した要素を、2つ目の引数の指定した要素の前に挿入するメソッドなので、「次男」と書かれた要素の前に新しい要素が追加されます。

3

```
<body>
  <div class="text_div">
    <p>長男</p>
  ━━━━━━━━━━━━━━━━━━━━━━━━━
  </div>
  <div class="text_div">
    <p>長女</p>
  </div>
  <script src="JavaScript.js"></script>
</body>
```

JavaScriptのプログラムの1行目で変数parentにclass属性に「text_div」という値を持つ要素が代入されていますが、querySelector関数は条件に当てはまる要素のうち、最初に登場するものを取得することに注意してください。

正しいイベントを選択せよ

1

③

P.178にあるように「要素をダブルクリックしたとき」に実行されるイベントは、③のdblclickイベントです。
①のkeydownイベントは「キーを押したとき」、②のmousedownイベントは「要素の上でマウスボタンを押し下げたとき」に実行されるイベントです。

2

③

「マウスポインタが動いているあいだ」処理を行うためには③のmousemoveイベントに処理を登録します。①のmouseoverイベントは「要素の上にマウスポインタが当たったとき」、②のmouseupイベントは「要素の上でマウスボタンを離したとき」に実行されるイベントです。

3

①

「入力フォームが正常に送信されたとき」に実行されるイベントは①のsubmitイベントです。
②のclickイベントは「要素をクリックしたとき」、③のloadイベントは「ページの読み込みが完了したとき」に実行されるイベントです。

4

②

「キーが入力されるたび」に処理を実行したい場合は、②のkeydownイベントに処理を登録します。
①のclickイベントはクリック、③のmouseoverイベントはマウスの操作に関わるイベントなので、キー入力とは関係がありません。

5

②

「要素にフォーカスが当たったときとフォーカスが外れたとき」に処理を実行したい場合は、②focusイベントとblurイベントに処理を登録します。

出力結果を書け⑨

1

ホップ
ホップステップ
ホップステップジャンプ

このプログラムでは、Promiseオブジェクトを利用して、thenメソッドからthenメソッドへと文字列を渡しています。文字列を表示してから連結して、次のthenメソッドへ渡しているので、1回目は「ホップ」、2回目は「ホップステップ」、3回目は「ホップステップジャンプ」が表示されます。

2

取得データ:This is Fetch Text!

このプログラムはc9_2_2.pyとほぼ同じ構造になとり、違いは受信したテキストに「取得データ：」という文字列を連結していることと、console.logメソッドで表示していることです。test.jsonのテキストはThis is Fetch Text! ですから、結果は「取得データ：This is Fetch Text!」となります。

3

undefined

この問題は引っかけ問題です。引数responseには、fetch関数で受信したデータを含むPromiseオブジェクトが入るように思えますが、実はfetch関数の前にawaitキーワードがありません。そのため、変数responseに受信が終わらない状態のPromiseオブジェクトが入ります。その場合、オブジェクトはjsonプロパティもjsonメソッドも持たないため、結果はundefinedとなります。

正しい説明を3択から選べ

1

③

as キーワードはインポートした関数などに別名を付けるためのものなので、①は誤りです。プログラム全体を関数定義で囲むのは、モジュール登場以前にスコープを分けるために使われていた手法なので、②も誤りです。export/importは Web サーバーを利用するので、③が正解です。

2

③

残余引数とスプレッド構文はどちらも「...」と書きますが、働きは逆なので①は誤りです。残余引数は、引数の配列を展開するものなので②も誤りです。スプレッド構文は配列の連結に使えるので、③が正解です。

3

③

オプショナルチェーン演算子はメソッドにも利用可能なので、①は誤りです。Null合体演算子とプロパティの短縮表記はまったく別のものなので、②も誤りです。Null合体演算子が返す値は特に制限はないため、③が正解です。

エラー文を見て、その意味を3択から選べ

1

②

すべてのオブジェクトが反復可能という説明はどこにもないので、①は誤りです。arguments は配列「状」オブジェクトの例として挙げられており、配列そのもの（Array オブジェクト）ではないため、③も誤りです。NodeList は反復可能オブジェクトの例の1つですから、②が正解です。

2

②

文字列リテラルはソースコード中のクォートで囲まれた部分のことを指し、そこから生成されるものがプリミティブ文字列なので、両者は別ものということになります。よって①は誤りです。文中で、String 関数を new キーワードを使わずに呼び出した場合の挙動が説明されていることから、new キーワードは省略可能ということがわかるので、③も誤りです。プリミティブ文字列で String オブジェクトのメソッドを利用可能なので、②が正解です。

3

②

options は addEventListener メソッドの引数の1つです。options 型というものは、説明文中にまったく出てきていないため、①は誤りです。captureは引数ではなく、引数 options に指定したオブジェクト内のプロパティになるため、③も誤りです。引数 options にはオブジェクトリテラルも指定可能なので、②が正解です。

4

③

JavaScript のオブジェクトは存在しますが、JavaScript という「型」のオブジェクトは存在しないので、①は誤りです。このメソッドによって得られるのは、JSON を解釈して JavaScript のオブジェクトにしたもので、文字列ではないため、②も誤りです。戻り値自体は Promise オブジェクトなので、その中のオブジェクトは then メソッドで取り出す必要があるため、③が正解です。

②

文中で、引数 start が配列の長さより大きい場合の挙動が説明されているため、①は誤りです。「このメソッドは追加関数として動作」という文の意味は、「splice メソッドは、配列に要素を追加する関数として動作する」なので、③は誤りで②が正解です。

エラー文を見て、その意味を3択から選べ

1

③

undefined は未定義を表す特殊な値で、「undefined.myproperty = 0」のように unefined に対してプロパティを追加しようとすると、「Cannot set properties of undefined」というエラーが発生します。プロパティに undefined をセットする (obj.myproperty = undefined) ことは問題ないため、①は誤りです。プロパティ読み取り時のエラーは「Cannot read properties of undefined」なので、②も誤りです。よって③が正解です。

2

②

「datestr.split is not a function」は、変数 datestr に対して split メソッドを呼び出そうとしたが、変数 datestr に入っているオブジェクトが split メソッドを持っていない場合に表示されます。おそらく datestr の内容として日付文字列を想定していたのに、Date オブジェクトや数値などが入っている状況と予測できます。「is not a function」は「関数ではない」という意味で、「機能していない」という意味ではありません。よって①と②は誤りです。③が正解です。

3

①

「Identifier 'x' has already been declared」と表示されるのは、同名の変数を let を付きで宣言した場合です。よって②と③は誤りで、①が正解です。

エラーメッセージを見て、修正指示を書き込め

1

```
let testfunc =() {
          =>
  console.log('Test!');
};
```

アロー関数式はカッコのあとに => を付ける必要があります。

```
let lst = ['a', 'b', 'c'];
for v of lst{
    (      )
  console.log(v);
}
```

for..of文の「変数 of リスト」の部分はカッコで囲む必要があります。

```
let lst = [a, 'b', 'c'];
           'a'
```

aがクォートで囲まれていないため、文字列ではなく識別子（変数名など）と解釈されています。

mission 10-04 呼び出し履歴をたどってエラー原因を探せ

1

```
let getSpan = (stdate, eddate) => {
  let span = eddate.getTime() - stdate.getTime();
  return span;
};


let st = '2020-1-5';
let ed = '2020-2-1';
let span = getSpan(st, ed);
console.log(span);
```

エラーの原因は、日付文字列をDateオブジェクトに変換せずにgetTimeを呼び出している点です。どこかで「new Date('2020-1-5')」のように記述してDateオブジェクトを作成する必要があります。修正可能な場所はいくつか考えられるため、次のいずれかに下線を引いていれば正解とします。

1) 6、7行目で変数st、edに代入する部分
2) 8行目でgetSpan関数に引数を渡す部分
3) 2行目でgetTimeメソッドを呼び出す前の部分

```
let hasUnderbarClassName = (elem) => {
  return elem.className.indexOf('_') >= 0;
};


let elem = document.querySelector('.chapter_name');
console.log(hasUnderbarClassName(elem.className));
```

2

エラーは2行目のindexOfメソッドの部分で発生しており、indexOfメソッドはclassNameプロパティが返すクラス名の文字列に対して実行しているので、classNameプロパティがundefinedであると読み解けます。ここでhasUnderbarClassNameメソッドの呼び出しを見直すと、関数がElementオブジェクトの引数を想定しているのに、呼び出し時にelem.classNameを渡しているのが原因です。

querySelectorが要素を見つけられずにnullを返す場合も同様のエラーが発生しますが、その場合はエラーメッセージが「Cannot read properties of undefined (reading 'className')」となるはずです。

```
let hasUnderbarClassName = (elem) => {
  return elem.className.indexOf('_') >= 0;
};


let elem = document.querySelector('.chapter_name');
elem.addEventListener('click', (event) => {
  console.log(hasUnderbarClassName(event));
});
```

3

こちらも問2と同様の問題です。Elementオブジェクトを渡さなければいけないのに、Eventオブジェクトを渡しています。event.targetとしてイベントの対象要素を渡すとよいでしょう。

索引

監修者プロフィール

中川 幸哉

1987年新潟県上越市生まれ。会津大学コンピュータ理工学部コンピュータ理工学科卒業。2009年の在学中にAndroidが日本に上陸したことをきっかけにアプリ開発の世界へ。2011年からはモバイル向けのアプリやWebシステムを中心にUIデザインや開発に携わる。新潟の豊かな風土とラーメンとクラフトビールが好き。

・ Twitter：@Nkzn

著者プロフィール

リブロワークス

書籍の企画、編集、デザインを手がけるプロダクション。手がける書籍はスマートフォン、Webサービス、プログラミング、WebデザインなどIT系を中心に幅広い。著書に『解きながら学ぶ Python つみあげトレーニングブック』（マイナビ出版）、『スラスラ読める JavaScript ふりがなプログラミング』（インプレス）、『みんなが欲しかった！IT パスポートの教科書＆ 問題集 2021 年度』（TAC 出版）など。

・ https://www.libroworks.co.jp

STAFF

カバーデザイン	風間 篤士（リブロワークス デザイン室）
ブックデザイン	リブロワークス デザイン室
DTP	リブロワークス デザイン室
編集・執筆	大津 雄一郎、平山 貴之（リブロワークス）
カバー・本文イラスト	Unberata
担当	伊佐 知子

解きながら学ぶ

JavaScriptつみあげトレーニングブック

2021 年 12 月 23 日　初版第 1 刷発行

著者	リブロワークス
監修	中川 幸哉
発行者	滝口 直樹
発行所	株式会社マイナビ出版
	〒101-0003　東京都千代田区一ツ橋2-6-3 一ツ橋ビル 2F
	TEL：0480-38-6872（注文専用ダイヤル）
	TEL：03-3556-2731（販売）
	TEL：03-3556-2736（編集）
	E-Mail：pc-books@mynavi.jp
	URL：https://book.mynavi.jp
印刷・製本	シナノ印刷株式会社

©2021 リブロワークス, Printed in Japan
ISBN978-4-8399-7596-8